U0182400

Building Discrete Event Simulation Models with RubberDuck

基于 RubberDuck 的离散事件系统仿真模型设计与实现

李群　仲辉　雷永林◆著

国防科技大学出版社

·长沙·

图书在版编目（CIP）数据

基于RubberDuck的离散事件系统仿真模型设计与实现/李群，仲辉，雷永林著. —长沙：国防科技大学出版社，2022.11
ISBN 978-7-5673-0609-7

Ⅰ.①基… Ⅱ.①李… ②仲… ③雷… Ⅲ.①离散事件系统—系统仿真—仿真模型—设计 Ⅳ.①TP271

中国版本图书馆CIP数据核字（2022）第196095号

基于RubberDuck的离散事件系统仿真模型设计与实现
JIYU RubberDuck DE LISAN SHIJIAN XITONG FANGZHEN MOXING SHEJI YU SHIXIAN

著　　者：李　群　仲　辉　雷永林
责任编辑：杨　琴
责任校对：梁　慧
出版发行：国防科技大学出版社　　**地　　址：长沙市开福区德雅路109号**
邮政编码：410073　　**电　　话：**（0731）87027729
印　　制：国防科技大学印刷厂　　**经　　销：新华书店总店北京发行所**
开　　本：710×1000　1/16　　**印　　张：**14.5
字　　数：214千字
版　　次：2022年11月第1版　　**印　　次：**2022年11月第1次
书　　号：ISBN 978-7-5673-0609-7
定　　价：49.00元

前言

离散事件系统仿真是系统仿真的重要基石之一。离散事件系统建模与仿真方法、技术和应用的研究自20世纪60年代就开始了，随后得到快速发展，当前已广泛应用于生产、服务、金融、医疗、港口、交通、计算机和军事等领域。

在离散事件系统仿真教学中，我们发现离散事件系统仿真模型设计与实现是学生学习中面临的一个主要难点。很多学生面临仿真模型设计时不知如何下手、仿真模型实现时动手能力跟不上的困难。国内外相关教材中也缺少对离散事件系统仿真模型设计与实现方面的深入讲解。针对上述问题，我们编写这本辅助教材以支持离散事件系统仿真相关课程的教学实验。

另外，我们也采用标准C++语言开发了配套的离散事件系统仿真开源软件库RubberDuck支持学生的自主学习和工程实践。RubberDuck软件库、模型示例代码和本书相关内容以开源的形式在Gitee.com网站上进行共享，书中各章附有实验练习，可以满足教学或个人自学实践的需要。

本书包含详细的离散事件仿真模型示例，突出对离散事件仿真模型设计、相关调度算法和模型示例的剖析，是一本支持离散事件系统仿真建模实践，内容比较全面的辅助教材，可作为系统工程专业、自动化专业和其他相近专业本科生的仿真实验教材，也可作为从事系统仿真工作的工程技术人员和管理人员的参考书。

由于时间比较仓促，作者水平有限，书中的某些内容恐有不妥之处，望读者不吝赐教。欢迎相关专业的读者选用本书，并向读者致意。

2022 年 7 月于长沙

目录

第 1 章
概述

离散事件系统仿真属于一类典型的计算机仿真。随着计算机技术的不断进步，离散事件系统仿真得到了快速发展，其仿真对象更加复杂、目的更加多样、实验更加灵活、成本更加低廉，相关仿真理论和方法也更加成熟，已逐步发展成为一门相对独立的技术学科。

1.1 基本概念

从广义上讲，仿真就是按照时间进度对真实世界过程或系统运作进行模拟。无论是采用人工处理还是计算机运行，仿真都需要产生一个系统的人工历史轨迹，并通过观察该人工历史轨迹对系统的运行特点进行分析和推断，确定该系统的运行机理并预测系统随时间的演化效果。

仿真通过运行系统模型来实现面向时间进度的系统模拟，这种模拟本质上是一种基于仿真模型的实验过程。因此，仿真一般都涉及一个对象系统、一个或一组模型，并在模型上做实验以获取所需的数据结果。系统、模型、实验是仿真研究的基本要素，任何包含系统、模型和实验的科学活动，都可称为仿真。系统是仿真的对象和问题的本源，实验是解决问题、达到研究目的的手段，而模型则是连接系统和实验（问题和手段）的桥梁。

（1）**系统**。仿真的研究对象是不断运行、发展和变化的动态系统。在仿真研究中，系统可划分为工程系统和非工程系统两大类。工程系统是指人类为满足某种需要，利用工业手段构造形成的具有预设功能的系统，例如机械、电气、动力、化工、武器等系统；非工程系统是指在自然界和人类社会发展过程中演化形成的系统，例如生物、山脉、河流、社会、经济、军事、管理、交通等系统。上述系统类型的划分是相对的，复杂情况下某些系统可能是两类系统的混合体。在一定条件下，系统还可以分解为若干个既相对独立又相互联系的子系统（或称分系统）。

（2）**模型**。模型是系统、现象或过程的物理、数学或逻辑的表示。这种表示不一定与真实系统进行交互，而是构建在某些方面与真实系统相一致的表达。模型是为了达到系统研究目标，通过对系统抽象和简化所构建的反映系统特征和规律的相关信息的载体。它给出了在实验框架约束下的系统的精确描述。这里精确描述是指在实验框架约束下，模型必须在一定精度内反映系统结构或行为的相关属性。

（3）**试验**。试验通过改变系统的输入和性能参数，执行物理验证过程。试验可能会干扰系统运行。试验环境可以被看作包含被研究系统的系统。试验包含观测，而观测则产生分析所需要的测量数据。

（4）**仿真实验**。很多试验直接基于真实系统进行，而仿真实验则是通过仿真模型实施研究验证，属于一种虚拟试验。与基于实际系统的试验相比，仿真实验具有一些不可替代的优势。一般需要采用仿真实验方法的典型场景包括：

- 实际系统不存在。例如，系统可能还处于论证或设计阶段，在样机生产出来之前无法直接进行试验。

- 试验具有危害性。例如，汽车安全性能试验、核电站生产控制方案试验等，直接在实际系统上试验可能会造成较大损失乃至严重后果。

- 试验受到较大制约。例如，试验周期太长且代价无法接受（如某些社会学、经济学、生态学试验），试验环境难以设置（如武器装备的攻防对抗试验），试验受到国际公约限制（如核试验）。

- 试验的花费过大。例如，飞机发动机和火箭发动机的设计过程中，需要进行大量的试验，而每次试验都要消耗巨额经费等。

可以通过运行仿真模型进行实验。在计算机还没有发展起来的时代，人工运行仿真模型也是一种有效的实验方式，但运行效率低，过程复杂，周期长。随着计算机及相关信息技术的发展，仿真模型在计算机上自动运行成为可能，这极大提高了仿真实验的自动化水平和应用范围。

当前计算机逐步成为仿真实验的主要平台，仿真进入了以计算机技术为支撑的信息时代。实际上，一般语义下（没有特殊限定词）的仿真均指计算机仿真，而且一般是指数字计算机仿真（简称数字仿真）。

1.2 仿真的类型

根据存在形式，仿真模型可以分为物理模型、数学模型和“数学－物理”混合模型。物理模型形象、直观、逼真，但仿真成本较高；数学模型的特点是经济、方便、灵活；数学－物理混合模型将数学模型与部分实物混合使用，也称为半实物仿真或硬件在回路仿真。同样地，也可将用于控制、制导、导航等用途的计算机软件接入数字仿真回路，以测试这些软件在系统环境中的正确性，这就构成了软件在回路仿真。如果将驾驶员、飞行员、航天员或者其他装置的操作人员接入数字仿真回路进行操纵试验或训练，就形成了人在回路仿真。将实物、软件或人员接入数字仿真回路后，一般会对仿真实时性提出要求。

根据仿真模型中时间和状态变化的特点，仿真可分为连续系统仿真、离散事件系统仿真、连续－离散事件混合系统仿真。很多工程系统模型是连续系统模型，主要用描述其物理、化学、生物等方面变化规律的数学关系来表达。而很多非工程系统模型以离散事件系统模型为主要形式，其模型包括描述实体、事件、行为及其逻辑和时序关系的流程图和必要的数学公式以及形式化表达。需要指出的是，大量的系统是以连续与离散事件混合的形式存在，其仿真方法是上述两种方法的有机结合，并且可以建立统一的表达规范。

根据系统类型可以将仿真划分为工程系统仿真和非工程系统仿真。工程系统一般是工程的、物理型的，其运行机理比较明确，能用较准确的数学模型表达出来。在对工程系统建模时：

（1）分析建模的目的和要求，确定模型的功能；

（2）根据目的要求，从时间和空间的视角来明确系统、环境等相关边界约束，确定系统输入、输出、变量及其性质；

（3）根据建模目的，把系统划分成若干模型化的单元（子系统），并确定构成系统功能的最小单位和状态空间；

（4）分析模型化对象的静态和动态特性；

（5）确定模型的各种组成要素、结构关系和运行逻辑等主要特征，选择可较准确表达这些特征的定理、规则、公式、近似函数等，建立数学模型；

（6）对建立的数学模型进行仿真实验，并根据实验结果，对模型进行必要的优化；

（7）根据仿真结果验证仿真模型是否与实际工程系统相符合。如果需要，再对模型作相应的优化。

由于尚不清楚非工程系统的内在机理和运行规律，因而很难用数学模型进行表达。许多军事问题，特别是军事指挥和作战问题，其内在机理和运行规律已超出了自然科学范畴，对其描述十分困难，模型也就难以构建。因此，对非工程系统建模，常求助于经验，强调以经验性假设为出发点，采用宏观与微观相结合、定性与定量相结合的方法构建模型。这些经验性假设，不能用严谨的科学方法证明，只能用经验数据验证其是否成立。从经验假设出发的定量方法获得的结论，仍具半经验半理论特性。这类系统模型的验证主要通过采用实验数据对其假设进行检验的方式实现。此外，还要从数理逻辑的角度，核实模型演化过程的逻辑正确性。模型中的理论部分应对应于客观事实，所使用的数据应是来源于实际的、有经验依据的数据。

1.3 离散事件系统仿真

仿真模型代表了对系统的简化和抽象。对系统进行简化和抽象并形成仿真模型的过程称为仿真建模（或仿真模型设计与实现）。不同类型仿真模型采用不同的建模方法，例如，连续系统仿真一般采用微分方程、代数方程等表达系统的连续状态变化过程，离散事件系统仿真从事件的角度对系统行为进行简化和抽象。这些不同类型的仿真模型随时间运行的实现方法（运行原理或仿真算法）也存在较大差别。因此，仿真技术主要与系统的模型设计和实现以及系统在该模型上的运行和实验相关。

离散事件系统仿真是基于离散事件思想对系统进行建模、仿真和实验分析的计算实验方法。离散事件系统仿真建模主要包括三种方法：面向事件、面向活动和面向进程。其中，面向活动和面向进程是对面向事件方法的扩展和提高。与这三种方法相对应，形成了三种仿真运行调度策略：事件调度、活动扫描和进程交互。

(1) **事件调度策略**。事件调度策略是以事件发生时间为主线的仿真策略。每一事件都有相应的处理程序（称为事件例程），给出在该事件发生时刻所需完成的相关操作，建模者要对操作内容进行实现。此外，事件例程中的操作，可能会引发在当前时刻需要完成的新操作，也可能会引发在未来某一时刻需要处理的新事件，对此建模者也要作出相应实现。仿真运行时，根据下一事件发生时刻推进仿真时间。仿真时间每推进一步，就执行该时刻的事件例程并完成相关处理。当系统中不再有事件发生或仿真时间推进至预定结束时刻时，仿真终止。

(2) **活动扫描策略**。活动扫描策略是以活动发生的状态条件为主线的仿真策略。每一活动都有发生的状态条件及相应的处理程序（称为活动例程），给出当状态条件满足时应当完成的一组操作。建模者的主要任务是辨明可能导致活动发生的各种状态条件，并且分别实现相应的操作内容，包括未来某一时刻需要完成的操作内容。仿真运行时，根据下一状态变化时刻不断推进仿真时间。仿真时间每推进一步，就对所有活动的状态条件进行循环扫描，并执行被触发的活动例程。当系统中不再有活动发生或仿真时间推进至预定结束时刻时，仿真终止。

（3）**进程交互策略**。进程交互策略是以实体的行为为主线的仿真策略。每一个进程都表达实体的行为过程，按时间顺序组合了该实体所经历的一组事件和活动。建模者不仅要明确每一进程的触发条件和活动内容，还要明确进程对资源的占用情况。仿真运行时，根据下一事件发生时刻推进仿真时间。仿真时间每推进一步，就对各进程启动（或恢复）执行的条件进行判断。一个进程一旦被执行，就要尽可能地推进下去，直至中间出现断点或进程结束。如果进程中出现断点，则要将与断点有关的信息全部记录下来，以便条件满足时从该断点恢复执行进程。当所有进程都结束或仿真时间推进至预定结束时刻时，仿真终止。

1.4 离散事件系统仿真应用

1.4.1 仿真平台与应用

离散事件系统仿真已经在航天、航空、武器、核能、机械、电力、电子、化工、通信、建筑、交通、冶金等工程领域得到了广泛应用。以典型的离散事件仿真软件 SIMSCRIPT 为例，CACI 公司给出的典型应用领域有：

- 电信网络
- 网络分析
- 运输
- 制造业
- 库存管理

- 医疗保障
- 军事行动
- 军事演习
- 物流规划

其中每个应用领域都有大量成功案例。特别值得一提的是，美军当前应用最为广泛的联合战区级仿真（Joint Theater Level Simulation，JTLS）兵棋推演系统就采用了 SIMSCRIPT 对其仿真模型——战斗事件计划（Combat Event Program，CEP）进行设计开发。感兴趣的读者可以通过相关 CACI 网站了解 SIMSCRIPT 相关的具体应用情况。经典的 Arena 离散事件仿真软件也在网站上给出了相关应用领域和成功案例，如图 1－1 所示。

图 1－1　Arena 应用领域和成功案例

当前应用广泛的 Extend 仿真软件也有大量成功应用案例，如图 1 – 2 所示。

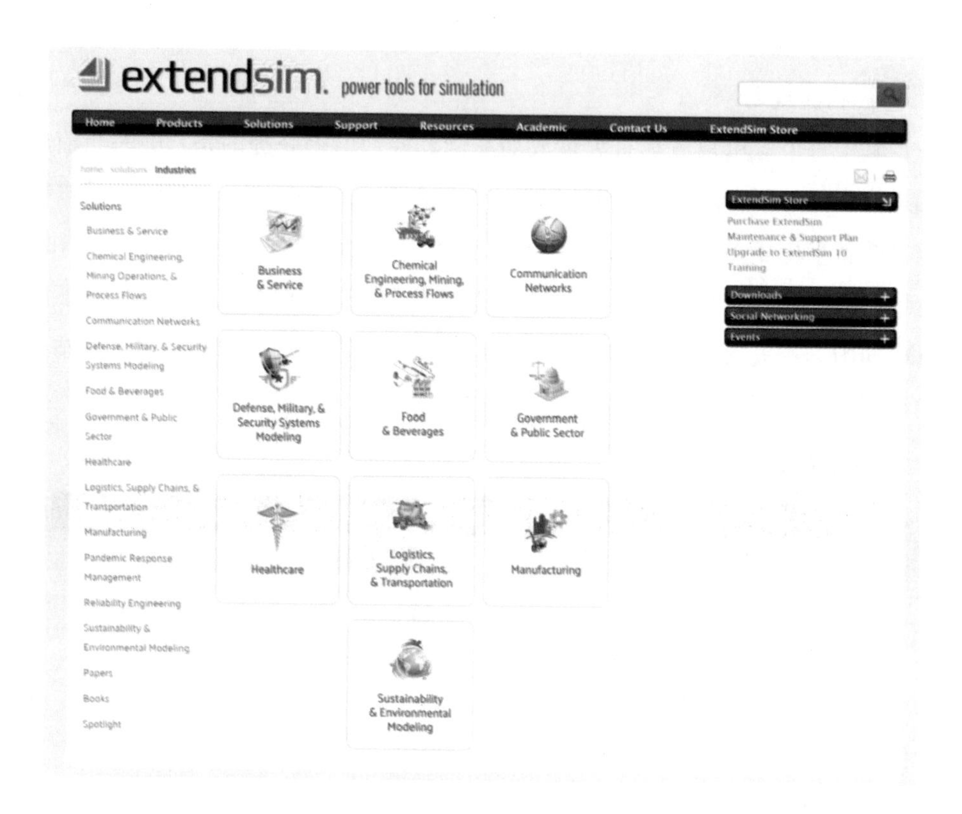

图 1 – 2　Extend 应用领域和成功案例

进入 21 世纪，大量 Agent 仿真软件，如 AnyLogic、Repast 和 MANA 等，也采用离散事件仿真方法支持基于 Agent 的仿真应用开发。

1.4.2　军事仿真应用

1992 年，美国国防科学委员会根据仿真实验的特点定义了如表 1 – 1 所示的模型和仿真的类型。

表1－1 模型和仿真的类型

类型	英文	说明	应用
模拟	Constructive Simulation	作战模拟，包含模型和分析工具	JTLS、JWARS、Thunder、STORM、NSS、JMASS
虚拟	Virtual Simulation	仿真系统包括物理实体和计算机生成实体。通过仿真系统，作战人员可以在合成战场环境中作战	SIMNET、ModSAF、OneSAF
实拟	Live Simulation	包含真实作战兵力、作战环境和武器装备的作战行动	Red Flag

- **模拟仿真**包含各类计算机仿真模型、与作战有关的各种过程模型以及各种仿真分析工具，这类仿真系统运行时一般不包含人机交互过程。
- **虚拟仿真**通常指在虚拟环境中进行的人在回路仿真。典型的人在回路仿真系统有三维虚拟仿真器、联网仿真器系统等。在虚拟仿真中，被仿真系统可以包含硬件，但其运行要受计算机仿真结果的驱动和限制。
- **实拟仿真**是由实际的战斗人员操作实际的武器装备，在接近实际的作战环境中进行的武器装备试验和作战演练。

为表示作战过程中作战实体的状态和事件，上述不同类型的仿真基本上都使用了基于离散事件仿真方法建立的仿真模型。

1.5 离散事件系统仿真应用过程

离散事件系统仿真不是单纯的数值计算。在正式开展仿真实验之前，必须要从问题分析开始，设计开发可用的仿真模型，通过建模、试验、分析等一系列步骤，直至得到问题的解决方案。如果得到的解答不完备或不准确，还要对仿真中间的某些环节进行必要的调整或修正。离散事件系统仿真应用研究的基本步骤如图 1－3 所示，各步骤之间的有些内容可能会有交叉、迭代。

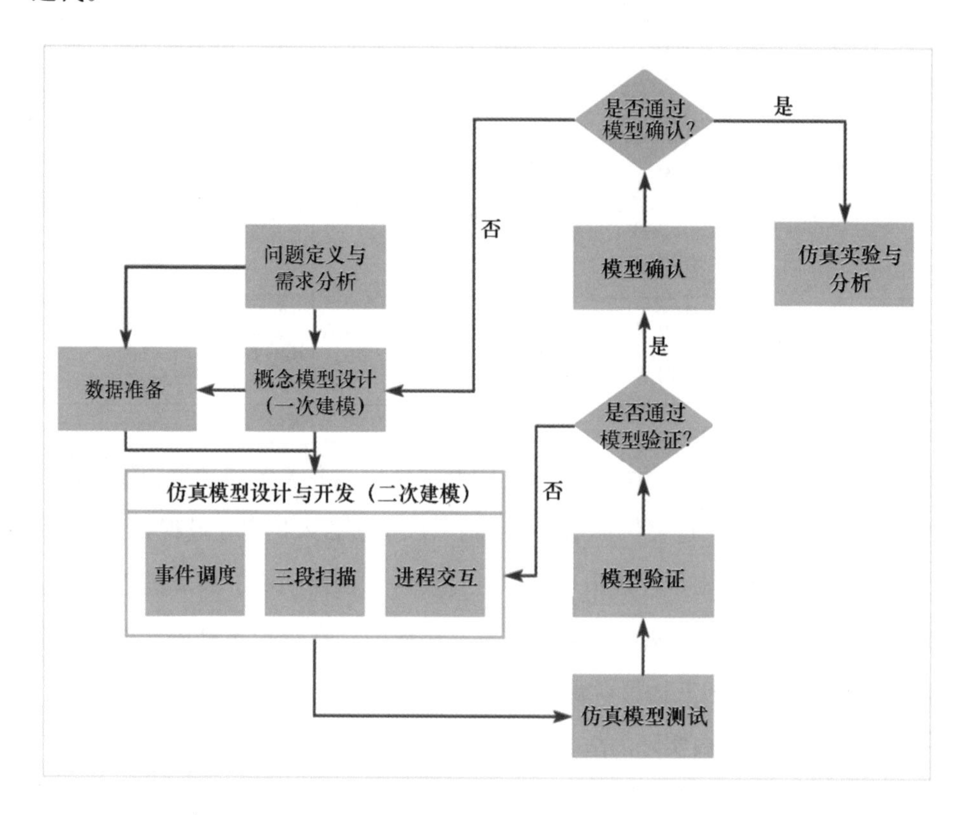

图 1－3　离散事件系统仿真应用研究的基本步骤

1. 问题定义与需求分析

如果需要解决的问题定义不准确或具有模糊性，将会导致后续的研究发生偏差，因此必须明确定义需要解决的问题。一般而言，仿真研究的问题由决策人员或分析人员提出，往往带有模糊性，这就必须对问题表述进行整理和分析，以确保问题定义无二义性。很多情况下，随着仿真过程的逐步开展，决策人员和分析人员才逐渐理解问题的本质，这时则需要重新对问题定义进行及时修正。

根据问题定义，确立仿真研究的目标和要求，研判离散事件系统仿真方法的适用性。该阶段需要分析仿真对象系统的构成、边界和环境，辨识系统的实体、属性、状态和行为，设计用于系统性能评价和方案优选的定量化指标，明确建模的前提约束和假设条件，确定模型的层次类型、详尽程度、精度指标和适用范围，给出建模的数据需求和数据来源。

2. 概念模型设计

仿真模型设计（仿真建模）是根据研究目的把实际系统或问题抽象简化为模型的技术，亦称模型化技术。仿真建模服务于仿真目的，而仿真目的在很大程度上决定了模型的层次类型、功能结构、描述方法和分辨率要求。建立模型之前，首先要根据仿真目的，对所研究的系统边界进行必要的界定，并针对所研究的问题做出必要的约定、假设和简化，从而明确建模的前提条件和模型的适用范围。

在离散事件系统仿真模型设计过程中，需要紧扣研究目标和需求，与模型用户或仿真用户紧密协作，按照合理简化的原则，依据离散事件系统仿真原理对仿真对象系统进行分解、抽象和简化，采用适当的离散事件仿真建模方法，采取数学公式、逻辑流图等表达形式，对系统的功能、结构和特性进行描述，建立系统的概念模型。概念模型设计属于仿真研究过程中的理论建模阶段，该阶段形成的模型属于理论模型。它不能在计算机上自动运行，但可以基于离散事件仿真原理进行人工运行，因此概念模型设计属于对目标系统的“一次建模”过程。

3. 数据准备

数据准备过程与概念模型设计过程密切相关，随着概念模型设计的逐步细化，仿真需要的数据元素也会随之发生变化。因此，仿真数据的准备工作应尽可能与概念模型设计过程一起开展。数据准备需要收集仿真运行所需的各类数据，包括模型输入数据和仿真验证数据；必须对数据进行必要的处理，以便确保数据的完备性和准确性；同时，必须对输入数据的格式进行规范化定义，以便使数据满足模型的输入格式要求。

4. 仿真模型设计与开发

概念模型设计阶段生成的模型仅是一种数学模型或理论模型，必须将其转换为可在计算机上执行的计算机程序或软件才能支持仿真实验。可以采用通用程序设计语言如C ++ 、Java、Javascript 等设计开发离散事件系统仿真模型，也可以基于 Arena、Extend 等成熟的仿真平台开发仿真模型。如果采用通用程序设计语言，可在相关硬件设备和软件开发库上选择适配的仿真策略，并根据仿真策略要求和概念模型展开仿真模型程序设计，形成计算机可执行程序。仿真模型设计与开发阶段形成的是可以在计算机上运行的程序，它相当于数学模型或理论模型在计算机上的翻译或映射，因此可看作对目标系统的“二次建模”过程。

5. 模型验证与确认

在仿真模型设计与开发过程中，“二次建模”可能会存在错误，从而使仿真模型在计算机上运行所得到的结果与“一次建模”预期结果不符。因此，需要通过模型验证确保“二次建模”与“一次建模”一致。仿真模型验证是一个过程。它用于确定模型的计算机实现是否准确地表示了模型开发者对实际系统的概念表述，该过程也需要确认仿真模型对应的计算机程序是否运行正确。

仿真模型确认也是一个过程。它从预期角度，结合用户需求和领域专家知识确定系统概念模型对实际系统表达的准确程度，属于对“一次建模”的正确性检验。在模型确认过程中，用户和专家可以直接基于概念模型的假设、原理和公式等发现理论模型中存在的问题。如果“二次建模”工作已经完成，已建成可执行的仿真模型，那么用户和专家也可通过运行仿真模型、开展仿真实验，发现概念模型中可能存在的问题。

仿真应用中应确保模型的可信程度。仿真模型的可信度应当通过科学规范的模型验证、确认和认定工作来保证。与工业产品的质量保证相同，仿真模型的验证、确认和认定工作要贯穿建模仿真的全寿命周期，并需要投入专门的时间、经费和人力资源。

1.6 基于C ++的离散事件系统仿真库 RubberDuck

如果需要深入理解和掌握离散事件系统仿真原理和模型设计方法，最好的方法是采用通用程序设计语言设计、开发离散事件系统仿真模型。由于C ++语言运行效率高，应用非常广泛，因此本书将基于 RubberDuck（运用C ++语言编写离散事件系统仿真库）介绍离散事件系统仿真原理和模型设计方法。RubberDuck 是一个面向对象的、简单易用的C ++ 仿真库，兼容 Windows 和 Linux 操作系统，支持面向事件调度、三段扫描和进程交互仿真策略的离散事件仿真模型开发。初学者可以基于C ++语言，运用 RubberDuck 更快地设计开发离散事件系统仿真模型，并且通过阅读、分析和修改 RubberDuck 的源代码和仿真模型示例，可以更加深入地理解和掌握离散事件系统仿真方法。

1.6.1 获取源代码

RubberDuck 源代码可以从码云（https://gitee.com）访问 RubberDuck 开源项目下载。码云是一个基于 Git 的在线代码仓库，可通过它访问、下载源代码，并管理源代码的版本。可通过两种方式获取源代码：

（1）用 Git 克隆代码仓库；

（2）下载并解压压缩包。

1.6.2 RubberDuck 组成

RubberDuck 表现为C ++库函数形式，可基于 GNU 的 Makefile 文件进行编译开发，也可基于 Eclipse CDT 等集成环境进行编译开发。采用C ++语言集成开发环境虽然更简单，但当面临复杂软件开发时，可能加剧软件自动生成和部署的复杂化。RubberDuck 的目录组成如表 1 -2 所示。

表 1－2　RubberDuck 的目录组成

目录	子目录	说明
bin		编译生成的 RubberDuck 静态库 libRubberDuck. a 和仿真模型示例的可执行程序
lib		RubberDuck 源代码库
examples		仿真模型示例
	AbleBaker_3P	AbleBaker 呼叫中心三段扫描法仿真模型
	AbleBaker_ES	AbleBaker 呼叫中心事件调度法仿真模型
	AbleBaker_PI	AbleBaker 呼叫中心进程交互法仿真模型
	DumpTruck_3P	卡车卸货问题三段扫描法仿真模型
	DumpTruck_ES	卡车卸货问题事件调度法仿真模型
	DumpTruck_PI	卡车卸货问题进程交互法仿真模型
	Philosopher_3P	哲学家就餐问题三段扫描法仿真模型
	Philosopher_ES	哲学家就餐问题事件调度法仿真模型
	Philosopher_PI	哲学家就餐问题进程交互法仿真模型
	Queue	单通道排队系统手工运行仿真模型
	QueueBatch	单通道排队系统批量运行仿真模型
	QueueRandom	单通道排队系统随机仿真模型
	Queue3P	单通道排队系统三段扫描法仿真模型
	QueueES	单通道排队系统事件调度法仿真模型
	QueuePI	单通道排队系统进程交互法仿真模型
	Random	随机变量生成测试程序

1.6.3 仿真模型的编译

在完成仿真概念模型设计后，可基于 RubberDuck 进行离散事件仿真模型的设计与开发。RubberDuck 提供了仿真运行调度的总控程序以及随机变量生成、数据结果统计等公共子程序。用户需要根据仿真概念模型，按照 RubberDuck 接口规范设计开发仿真模型程序，并通过 C ++ 编译系统与 RubberDuck 仿真库链接形成最终的可执行仿真模型程序。

基于 RubberDuck 的仿真应用开发一般采用 GNU 的 Makefile 进行编译。如果需要，也可以采用 Eclipse 等集成开发环境进行编译开发，但需要配置 include、library 目录和文件选项。当采用 GNU 的 Makefile 时，库的编译和生成规则已经包含在 Makefile 文件中。完成 RubberDuck 下载后，进入 RubberDuck 目录，在命令行中输入 make all 命令，将在 bin 目录中自动生成库文件和 examples 目录下的仿真模型示例的可执行文件。如果需要清除已编译的目标文件，可以在命令行中输入 make clean 命令。

如果需要开发新的仿真模型，可以通过以下步骤开发和运行仿真模型：

（1）在 RubberDuck 的 examples 目录下新建工程目录，如 project1；

（2）按照概念模型选择仿真调度策略；

（3）创建模型程序文件名，如 model1.cpp；

（4）根据概念模型设计和 RubberDuck 接口规范进行模型程序设计与开发；

（5）拷贝示例中的 Makefile 文件到 project1 目录；

（6）将 Makefile 文件的目标依赖文件 OBJS 改为模型单元处理程序文件 model1.o，将输出的可执行文件 EXECUTABLE 改为期望输出的可执行文件名；

（7）在 project1 工程目录中执行 make all 命令即可在 RubberDuck 的 bin 目录中编译生成指定名称的可执行程序。

如果不在 RubberDuck 的 examples 目录下新建工程目录，则需要调整 Makefile 文件的包含路径和链接路径以指向正确的 RubberDuck 目录。

RubberDuck 当前兼容 Linux 和 Windows 操作系统，但在 Windows 环境下需要安装 Mingw C ++ 开发环境。如果开发环境未包含 make.exe 文件，可以将 Mingw 中 bin 目录下的 mingw32－make. exe 文件拷贝生成复本并将其更名为 make.exe，以支持C ++ 程序的自动编译生成。

1.7 小结

一般而言，SIMSCRIPT、Extend、Arena、Anylogic 等成熟的仿真软件以及基于它们的大量仿真应用，都是面向特定的应用场景和应用模式，自身已形成特定的模型框架。当仿真应用问题具有特殊需求，且这些平台的模型框架难以表述这些需求时，用户将只能从基本的离散事件系统仿真原理开始设计和开发相关仿真应用。JWARS、JMASS、OneSAF、STORM、NSS、SEAS 等大型仿真系统均采用通用程序设计语言，基于离散事件系统仿真方法实现了面向特定军事应用需求的仿真应用系统。

此外，为支持不同仿真系统的互连和集成，DIS、HLA、SMP 等仿真标准也从不同层次对离散事件系统仿真提供了基础支持。因此，仿真专业人员只有掌握基本的离散事件系统仿真原理和模型设计开发技术，才能从不同的层次有效应对不同的仿真应用需求。

第2章 面向事件的系统行为表示方法

模型是对系统的一种简化、抽象或类比表达。它不描述系统的全部属性，仅刻画与研究目标相关的主要特征，以易用的形式提供目标系统的相关知识，是帮助人们进行科学思考和合理解决问题的工具。对系统进行抽象和简化并不是一项容易掌握的工作，它甚至包含一定的艺术成分，一般需要建模人员具备很深厚的专业知识背景和丰富的建模经验。离散事件系统建模属于一种基于事件的系统动态行为表示方法。

2.1 系统行为表示规范

仿真模型是对系统动态行为的一种表示。在仿真应用中，针对所研究问题对系统进行合理的抽象和简化是仿真建模的关键。仿真模型需要表示随时间演化的系统行为，因此仿真模型需要表达系统要素在时空关系和因果关系上的相互作用，这种表示也反映了建模人员对系统进行分析推理的思考和认知。

美国亚利桑那州立大学一体化建模仿真中心的国际著名仿真专家 B. P. Zeigler 从理论上总结定义了系统不同层次的动态行为表示规范。这些规范表达了建模人员对系统在不同层次上的认知，有助于人们理解系统仿真模型的基本组成要素。这些系统规范包括观测框架、I/O 关系观测、I/O 函数观测、I/O 系统、系统组合。

1. 观测框架

观测框架将系统看作一个黑箱，具有输入、输出和时间属性，可形式化表示为：

$$O = \langle T, X, Y \rangle$$

其中，T 为时间集，X 为输入值集合，Y 为输出值集合。

2. I/O 关系观测

I/O 关系观测可形式化表示为：

$$IORO = \langle T, X, \Omega, Y, R \rangle$$

其中，$\langle T, X, Y \rangle$ 为观测框架，Ω 为输入段集，R 为 I/O 关系。

3. I/O 函数观测

I/O 函数观测可形式化表示为：

$$IOFO = \langle T, X, \Omega, Y, F \rangle$$

其中，$\langle T, X, Y \rangle$ 为观测框架，Ω 为输入段集，F 为 *I/O* 函数集。在 *I/O* 函数观测中，系统状态具有初始状态。

4. I/O 系统

I/O 系统可形式化表示为：

$$S = \langle T, X, \Omega, Q, Y, \delta, \lambda \rangle$$

其中，T、X、Ω、Y 参考 *I/O* 函数规范，Q 为状态集，δ 为状态转移函数，λ 为输出函数。

5. 系统组合

系统组合可形式化表示为：

$$N = \langle D, S_a, I_a, Z_a \rangle$$

其中：D 是组件名集合；对任一 $a \in D$，S_a 为关于 a 的 I/O 系统，I_a 为 a 的影

响者集合，Z_a 为 a 的接口映射。

上述系统动态行为表示规范内含对系统的认识层次，如图 2 - 1 所示。

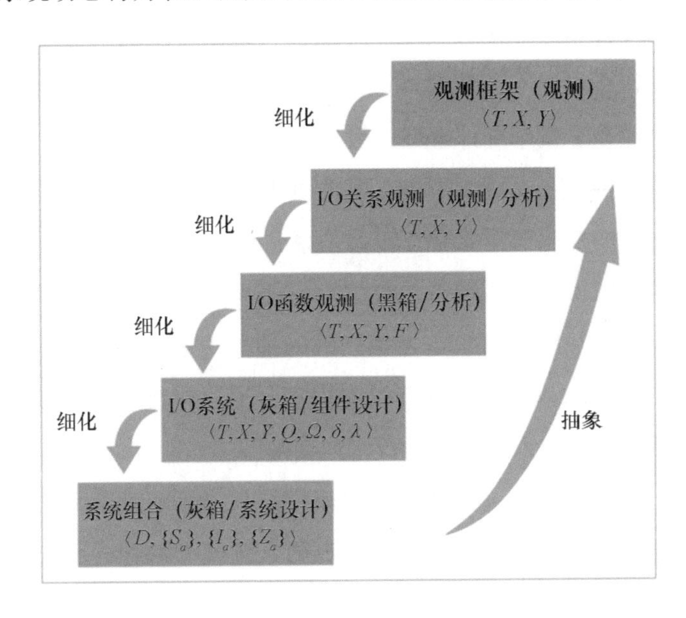

图 2 - 1　系统动态行为的表示层次

（1）观测框架层次表示从系统的 I/O 视角观测到的、随时间发生的输入输出现象；

（2）I/O 关系观测和 I/O 函数观测层次表示可在观测框架基础上对系统随时间发生的输入与输出变化进行映射和匹配；

（3）I/O 系统层次表示可通过系统内部的状态和状态变化刻画系统行为，从而使模型能够根据随时间变化的输入产生相应的输出；

（4）系统组合层次则在 I/O 系统层次基础上通过对系统的组成结构进行分解，进而描述和表示更复杂的系统内部结构和运行机理。

在研究系统的动态行为时，上述每个层次的模型都有着不可替代的作用。

（1）如果不清楚系统内在机理，一般只能通过在观测框架层次获得系统的输入输出数据，进而通过 I/O 关系观测和 I/O 函数观测获得系统输入和输出之间的影响关系和变化规律。这种抽象仅考虑时间、输入和输出要素，属于观测层次的系统抽象。如天文学家第谷·布拉赫观测火星位置所得模型就属于观测层次的数据模型，而约翰尼斯·开普勒根据第谷·布拉赫观测模型总结出著名的开普勒定律函数模型。一般而言，当对系统（非工程系统）内部原理和相互作用机理不了解时，只能通过观测和归纳建立内含时间要素的输入输出观测模型。概率统计模型一般也属于观测模型。

（2）如果对系统有一定的认识，则可根据需要定义系统状态，并根据状态随输入和时间的变化，建立状态转移关系，从而建立 I/O 系统层次的模型。一般而言，这类模型采用演绎方法建立。它表明建模人员已经掌握了系统的一部分工作原理，并能够建立与之相一致的抽象表示。这种模型更加适合工程系统建模。例如，基于牛顿万有引力模型，通过速度、加速度、引力、质量等状态，就可以建立系统层次的行星运动模型。

（3）实际上，对于大多数系统，建模人员只能了解其部分工作原理和运行机制。因此，系统的抽象模型一般是观测系统模型和包含状态转移的结构化系统模型的混合，即系统组合模型。例如，如果需要研究更大规模的星系运行规律，则可在牛顿万有引力模型基础上通过组合模型构成更加复杂的星系运动模型。

显然，随着对客观世界认识的逐步深入，建模人员对系统的认识也逐步从观测框架向 I/O 系统层次以及系统组合层次发展，这是一个对系统运行规律逐步深化、细化的认识过程。然而在很多情况下，虽然可以建立 I/O 系统层次以及系统组合层次的模型，但难以通过理论模型直接推导出系统的动态运行数据。此时就需要运用计算方法对理论模型进行求解，进而从观测层次获得系统的动态运行规律。这也是采用计算机仿真建模的根本需求。

2.2 演绎和归纳建模

仿真建模过程可以看作一个针对建模目的，综合利用各种知识源进行知识采集、处理和表达的过程。根据知识的主要来源，可将建模方法分为演绎和归纳两种基本方法。演绎建模是一个从一般到特殊的建模过程，它从已证实的科学假定和知识体系出发，通过演绎推理建立系统模型。而归纳建模则是一个从特殊到一般的建模过程，它从已有的观测或试（实）验数据出发，通过归纳总结建立系统模型。

受系统复杂性和人类现阶段认知局限性的制约，关于各类系统的构造原理和运行机理的理论描述都是不完备的，因而在I/O系统层次以及系统组合层次不可能建立各方面都与实际系统完全一致的模型。如果存在这样的模型，那这个模型一定是实际系统本身。

根据对内在规律的理论描述程度，按照由高到低的顺序，可将建模对象分为“白箱”“灰箱”和“黑箱”三类系统。对于“白箱”系统，如导弹、飞机等工程系统，其内部结构和特性比较明确清晰，利用已知定理、定律，通过演绎方法就可建立其数学模型。对内部结构和特性尚不够清楚的“灰箱”系统，如生物、生态等系统，需紧密结合演绎方法和归纳方法，才可建立系统动态模型。对于以社会经济系统为代表的“黑箱”系统，其发展规律非常不明确，一般只能基于统计学方法，通过数据分析、归纳推导建立系统的理论模型。

显然，由于在观测框架层次上无法掌握系统的内在机理，该层次系统模型属于“黑箱”模型；在I/O关系观测和I/O函数观测层次上，因仅掌握了系统输入、输出之间的变化关系，只能进行简单的预测分析，所以该层次系统模型也属于“黑箱”模型；在I/O系统层次上，虽然可表述系统状态变化规律，但因引入一定的假设，而这些假设一般属于观测层次模型，所以该层次系统模型属于“灰箱”模型。因此，系统运行规律和内在机理的不确定性，使得仿真模型归类于“灰箱”模型。

显然，无论采用何种建模途径，都需要有效利用领域知识才能构建合理、有效的仿真模型。仿真建模离不开相关领域知识。理论原理与专家经验、观测数据、试（实）验结果等有机结合，构成仿真建模的领域知识基础。只有将各类知识相互补充、相互印证，才能使所建立的模型既符合对象系统基本原理，又能体现其特殊性质。

2.3 仿真模型组成要素

根据上述系统描述规范可知，时间、输入、输出、状态、状态转移是建模时必须考虑的基本要素。

1. 时间

时间是表达系统运动、变化（演化）的瞬时性、持续性、顺序性的动态特征属性。仿真模型必须通过时间才能反映系统的动态特征，没有时间的系统抽象无法反映系统随时间的动态变化规律。时间变化属于时间之箭，即时间一直不断延续、增长。在仿真应用中，模拟的系统时间被称为仿真时间（时钟）。

仿真时钟是仿真应用中用于表征仿真时间的量。对于连续时间模型，仿真时钟可以以任意小的时间间隔进行推进（时间间隔也可能会发生变化）；对于离散时间模型，仿真时钟推进时间间隔可大可小，可能呈现出无规则的变化。在仿真模型中，连续时间和离散时间的主要区别在于：连续时间模型的仿真时钟推进的时间间隔在理论上可以任意小（实际应用中仅受到计算机字长的限制）；而离散时间模型的仿真时钟推进的时间间隔具有不确定性，可能是规则变化的，也可能是不规则变化的。不规则变化时间间隔可能代表了系统自身随时间不规则变化的物理特性。

2. 输入

输入可被定义为对系统施加控制或影响的一种状态或属性；输入也可被看作一种特殊的系统状态，它明确了目标系统的边界，可用于界定系统的外部和内部要素。因此，输入是一个相对的概念。例如，当研究电磁炉烧水过程时，启停电磁炉控制按钮可以作为电磁炉的一个输入。然而，当研究厨房时，启停电磁炉的控制按钮可能就被看作厨房的一个状态。如果输入在仿真过程中不发生变化，那么可以将其作为模型的参数处理。

3. 输出

输出是系统状态的函数，是对系统行为的观测。没有输入的系统可以称为自治系统，其状态变化可以用当前状态的一个输出函数进行表示。

4. 状态

状态是对系统行为特征的表达，可作为系统动态属性，其表征量称为状态变量。一般而言，需定义多种状态（或状态向量）表示目标系统的动态属性。实际系统的状态随时间推进而变化，且属于连续变化过程。对系统状态建模时必然运用特定的抽象或简化方法。一般用连续状态表征系统随时间连续变化的属性，采用微分方程、代数方程等建立数学模型表示系统状态的连续变化过程。

此外，系统状态变化也可采用离散形式表示。例如，在排队服务系统模型中，“顾客”有“等待服务”和“接受服务”等状态，“服务台”有“忙”和“闲”两种状态。这些都是离散形式的状态，它们一般内含“活动”，即该状态可以持续一段时间用于执行相应的“活动”，并随着“活动”导致的状态变化而发生改变。这种离散形式的状态实质上是对连续形式的状态变化过程的一种简化表达，其离散表示形式取决于对问题需求和系统特性的划分方法。例如，在表示弹道导弹飞行过程时，可采用一组数学方程表示导弹的连续飞行过程，但为了简化，也可离散化为“主动段”“自由段”和“再入段”三个飞行阶段状态。

5. 状态转移

在确定了时间、输入、输出和状态表示后，如何表示状态转移就成为建模的核心内容。状态转移表示系统随时间的状态变化。虽然状态可采用连续或离散两种形式表示，但其变化却都可用“当前状态”和“当前输入”的状态转移函数进行表示，如：

$$\delta: Q \times \Omega \rightarrow Q$$

虽然采用状态转移函数表达系统状态变化的方式比较简单明了，但在实际仿真应用中不会完全采用类似状态转移函数的数学表达形式表征系统状态变化。类似于离散数学或逻辑代数，它们虽然是计算机的理论基础，但一般不会直接用于计算机程序设计。因为严格的数学表示过于抽象，其内在逻辑和组成关系不易理解。此外，状态、输入、输出、状态转移等需要在数学理论上给出严格假设和限定。即便对于一个简单的仿真模型，直接采用数学形式对其进行表示，都可能使其模型描述和表示异常复杂。

随着仿真技术及其应用不断发展，很多面向不同领域和不同类型问题的仿真建模方法得以形成。这些方法采用特定的要素和形式表示系统状态和状态转移函数，如微分方程、代数方程、有限状态机、功能模块、系统动力学方程等。离散事件系统建模方法就是其中一种基于事件的系统动态行为表示方法。

2.4 基于事件的系统行为过程表示

采用“事件”描述动态行为过程在日常生活、工作中很常见，如学习和工作计划、新闻记事、历史记录等。建立日志或写日记，记录每一天发生的重要事件，是一种从事件角度出发构建行为模型的朴素方法。虽然有可能未给出事件发生的条件，但这些事件本身就可以表示系统从一个阶段变化到另一个阶段的行为过程。一些事件的发生可能需要延续一段时间，实际上描述了系统的一种具有时延性的状态或活动。表 2 - 1 给出了二战中途岛海战的战役过程描述。

表2-1　二战中途岛海战的战役过程

战役过程	时间	过程
一次攻击	凌晨	日本第一波攻击机群起飞……
	拂晓	中途岛派出的“卡塔林娜”式侦察机发回发现日军航空母舰的报道，斯普鲁恩斯少将立即做出反应，准备攻击日军航母……
	清晨	日本舰载机向中途岛发动了猛烈的攻击……
二次攻击	7时整	第一波攻击机群准备开始返航……
	7时06分	由战斗机、鱼雷机、俯冲轰炸机所组成的117架战机奔向200海里（1海里≈1.85千米）外的南云舰队……
	7时10分	第一批从中途岛起飞的10架美军鱼雷轰炸机出现在南云舰队的上空……
	7时15分	南云下令“赤城”号和“加贺”号将在甲板上已经装好鱼雷的飞机送下机库，卸下鱼雷换装对地攻击的高爆炸弹……
	7时30分	南云接到“利根”号推迟半小时起飞的一架侦察机发来的电报：距中途岛约240海里的海面发现10艘美国军舰……
	8时15分	南云终于接到了侦察机传来的报告：美军舰队里确实有航母的存在。南云下令各舰停止装炸弹，飞机再次送回机库重新改装鱼雷，日本航空母舰的甲板上一片混乱，为了争取时间，卸下的炸弹，都堆放在甲板上……
	8时30分	空袭中途岛的第一波攻击机群返航飞抵日本舰队的上空……
	8时37分	返航的飞机开始相继降落在四艘航空母舰飞行甲板上……
	8时40分	15海里以外的弗莱彻少将率领的第17特混编队的“约克城”号航空母舰上有35架战机起飞了……
	9时18分	全部飞机作业完毕……
	……	……
战役结束	……	……

根据表2-1记录的战役过程可以发现，时刻和事件说明是描述事件的基本要素。显然，可以用“<时刻，事件，事件说明>”来表示事件，用以表

示系统在某时刻发生了某事件，从而引发了某些变化。这样，就可以通过"时刻－事件"序列表示一系列动态变化过程。表 2－1 给出了不同时刻发生的历史事件，这种事件属于"事情"的概念范畴，代表对已有历史事实的归纳。上述形式的基于事件的系统模型，是对系统已知过程（历史）的一种复现，无法用于预测系统在不同输入和条件下的可能变化，无法支持仿真应用中的"What－If"分析。

实际上，在客观世界中并不存在物质意义上的事件，它只是被用作简化描述系统状态变化的主观工具。运用事件表述系统行为时，可不必每次都详细描述系统发生的动态变化。事件是一种主观认识，因此可在仿真建模中明确定义事件的概念和内涵。明确定义事件并确定事件与状态变化之间的影响关系，将有助于建立更加灵活有效的系统模型。如何基于时间、事件和系统状态变化建立更好的系统行为表示？回答这个问题，首先必须要明确事件定义以及事件与状态变化之间的影响关系。那么，是系统状态变化导致了事件发生，还是事件发生导致了系统状态变化？

在离散事件系统仿真中，事件是导致系统状态瞬间发生变化的诸多条件的集合或标识。在这里，事件不再类似于表 2－1 中给出的那样，仅仅是对系统历史状态变化的归纳，而是面向未来，即只有当事件发生，系统状态才会变化。因此，离散事件系统仿真中将事件抽象为某个时刻发生的、导致系统状态变化的瞬间行为。其中，事件发生无时间延迟。当系统时间推进至某一事件发生时刻，则触发该事件。系统也将随事件执行更新系统状态。这样，就可以通过事件序列表示系统随时间变化的动态过程。如果事件的执行具有时延性，则无法确定事件发生时刻。

显然，采用事件方法建立系统行为模型时，必须要定义和维护一个事件集，该集合包含不同时刻发生的各种事件，每种事件都可能使得系统发生新的状态变化。例如，采用这种定义方式描述表 2－1 中的事件，如表 2－2 所示。其中，每个事件定义了该事件发生时刻中途岛海战进程的变化。

表2－2 中途岛海战进程事件表

战役过程	时间	事件	过程
一次攻击	凌晨	日本第一波飞机起飞	日本第一波攻击机群起飞……
	拂晓	美军发现日本舰队	中途岛派出的“卡塔林娜”式侦察机发回发现日军航空母舰的报道，斯普鲁恩斯少将立即做出反应，准备攻击日军航母……
	清晨	空中打击中途岛	日本舰载机向中途岛发动了猛烈的攻击……
二次攻击	7时整	日本第一波飞机开始返航	第一波攻击机群准备开始返航……
	7时06分	美军飞机编队起飞	由战斗机、鱼雷机、俯冲轰炸机所组成的117架战机奔向200海里外的南云舰队……
	7时10分	中途岛飞机到达南云舰队上空	第一批从中途岛起飞的10架美军鱼雷轰炸机出现在南云舰队的上空……
	7时15分	日本飞机换装弹药	南云下令“赤城”号和“加贺”号将在甲板上已经装好鱼雷的飞机送下机库，卸下鱼雷换装对地攻击的高爆炸弹……
	7时30分	日本发现美军舰队	南云接到“利根”号推迟半小时起飞的一架侦察机发来的电报：距中途岛约240海里的海面发现10艘美国军舰……
	8时15分	日本发现美军航母	南云终于接到了侦察机传来的报告：美军舰队里确实有航母的存在。南云下令各舰停止装炸弹，飞机再次送回机库重新改装鱼雷，日本航空母舰的甲板上一片混乱，为了争取时间，卸下的炸弹，都堆放在甲板上……

续表

战役过程	时间	事件	过程
	8 时 30 分	日本第一波攻击机群返航到达日本舰队	空袭中途岛的第一波攻击机群返航飞抵日本舰队的上空……
	8 时 37 分	日本第一波攻击机群开始降落	返航的飞机开始相继降落在四艘航空母舰飞行甲板上……
	8 时 40 分	美军“约克城”号航空母舰战机起飞	15 海里以外的弗莱彻少将率领的第 17 特混编队的“约克城”号航空母舰上有 35 架战机起飞……
	9 时 18 分	日本飞机换装弹药作业完毕	全部飞机作业完毕……
	……	……	……
战役结束	……	……	……

表 2－2 中“日本第一波飞机起飞”等事件没有给出明确的发生时刻，在仿真应用中可明确这些事件的具体发生时间。显然，表 2－2 中的事件组成了一个事件集，这些事件按照发生时刻的先后顺序进行排列，只需要将时间变量按照事件发生的先后顺序推进并依据事件描述更新系统状态，即可复现该战役过程。

表 2－2 基于事件的模型只是对已知战役过程（历史）的描述，无法支持更深入的作战过程分析。如果上述事件发生时所引发的状态变化不是按照历史事实变化，而是根据一定的规律发生变化，那么该战役过程又会如何演化呢？例如，在空战事件发生时采用空战交换比进行计算，在空地打击时采用对舰攻击命中概率计算，在地空拦截时采用拦截概率计算，在目标侦察时采用探测概率计算，这时可以发现整个战役过程将不再是历史事实的复现，战役过程和结果可能完全不同，并可能形成全新的事件集合。

2.5 基于事件的系统建模

通过上节的简单示例可以发现，在建立系统模型时，可通过对实际系统进行分析，确定符合问题需求的事件及其引发的系统状态变化规律。当某个事件发生时，依据该事件对系统产生的影响更新系统状态。随着时间推进触发一系列事件，就可以描述系统随时间的动态行为演化过程。

要运用此类基于事件的仿真模拟开展研究，其建模过程必须符合以下基本规则。

1. 必须存在初始状态和初始事件

如果初始状态不存在，那么后续状态及其变化也将无法确定。如果初始事件不存在，那么其他事件也不会发生，系统状态也不可能发生变化。

2. 事件没有时间延迟

事件发生时间属于时间轴上的一个点，仿真时钟可以依据事件发生时间的先后顺序进行推进。仿真时钟总是推进至当前最早发生的事件时间，然后按照该事件所内含的系统状态变化规律改变系统状态。因为事件的发生会改变系统状态，所以仿真时钟推进时必须确保最早发生的事件先引起系统状态变化。如果发生时间较迟的事件先触发，将会产生“时间穿越”效应，导致系统行为发生时间上的因果关系混乱。

事件一般包含两种类型：

- **确定事件**：事件的发生仅取决于特定时间点的事件称为确定事件（或无条件事件），如排队系统中的“顾客到达”事件、“服务结束”事件属于确定事件。

- **条件事件**：只有系统状态满足特定的条件时才会发生的事件称为条件事件。排队系统中“服务开始”可以看作条件事件，该事件的发生依赖于队列中有顾客且服务台空闲。

3. 未来事件集合

必须存在一个未来可能发生的事件集合，这样可以通过比较未来事件集合中事件发生时间推进仿真时钟。

4. 可能产生的新事件

事件之间存在时间上的因果关系。事件发生时，在引起系统状态变化的同时还可能会产生新的后续事件。如果不能产生新的事件，则当初始事件和未来事件全部发生后，系统状态将不再发生变化。显然，新事件的发生时间不能早于当前事件的发生时间，这确保了事件发生所导致的系统状态变化不会违背时间上的因果关系。

5. 事件集合的动态性

由于事件发生时可能会产生新的事件，因此一般而言不可能像表2-2示例那样，在事件集合中将未来所有可能发生的事件预先确定下来。只能根据当前已知事件集合，通过推进仿真时钟、触发事件执行，动态确定会产生的新事件，再将这些新事件作为未来发生的事件合并到事件集合中，支持后续的仿真时钟推进。

基于事件的系统建模中，状态和事件可互为转换动因。例如，在排队服务系统中，顾客状态可抽象为“等待服务”和“接受服务”等，服务台状态可抽象为“忙”和“闲”等，而排队服务系统的状态则可以抽象为顾客队列状态与服务台状态的集合。当事件发生时，排队服务系统状态会随之发生变化。例如，若服务台当前状态为“闲”，顾客队列状态为“空”，则当发生“新顾客到达”事件时，服务台状态将由“闲”变为“忙”，此时系统状态发生变化；若服务台状态已经是“忙”，“新顾客到达”事件就只能实现顾客队列状态变化，系统状态也随之发生变化。Fishwick教授给出的“事件-状态”太极图（如图2-2所示）形象地展现了基于事件的系统建模中事件和状态的转换关系。

基于事件的系统建模中，系统状态变化是系统中相关事件发生作用的结

图 2－2　“事件－状态”太极图

果。状态可以描述处于某段时间间隔内的系统特征，而事件则内含了状态变化的时间点。若事件没有延迟，也可以看作一种时间间隔为 0 的特殊状态。在物理学和系统理论中，可以用一个向量 $<s_1, s_2, \cdots s_n>$ 表示系统状态，而事件则是一个增加了时间元素的向量 $<t, s_1, s_2, \cdots s_n>$，时间 t 表示事件发生的瞬时时刻。

例如，在冰球比赛中，一个冰球在溜冰场内滑行，可以用坐标变量 x 和 y 组成冰球在二维空间中的状态向量。一旦冰球进入了球门坐标点范围，就触发进球事件。若冰球在 39 时刻进入球门，且冰球位置为 $<15, 2>$，则进球事件表达为（39，$<15, 2>$）。

根据上述事件与状态之间的关系，可以初步归纳出：

● 基于事件的系统建模过程：

（1）确定系统输入与输出；

（2）进行系统离散状态抽象，根据问题分析需求并确定系统模型中需要关注的离散状态；

（3）进行系统事件抽象，通过分析系统动态行为过程确定需要关注的事件集合；

（4）进行事件影响分析，确定各个事件发生时系统状态变化规律以及可能产生的新事件；

（5）明确系统模型的初始状态和初始事件；

（6）确定系统模型参数；

（7）定义仿真结果输出。

- 基于事件的系统模型运行过程：

（1）初始化仿真时钟和系统模型状态；

（2）将初始事件置入未来事件集合；

（3）选择未来事件集合中最早发生的事件；

（4）仿真时钟推进至最早发生的事件时间；

（5）执行当前发生的事件，改变系统模型状态，若有新的事件生成则将其纳入未来事件集合；

（6）若未来事件集合不为空则返回到（3），否则仿真结束。

基于上述建模和仿真过程，对表 2－1 所述战役过程的简化建模思路如下：

（1）确定战役过程中需要关注的系统状态；

（2）分析定义战役过程中发生的事件类型；

（3）确定这些事件对战役进程的影响和可能产生的新事件；

（4）确定战役开始时的初始事件。

建立上述模型后即可对战役过程进行基于事件的模拟。如果战役过程中的交战事件采用空战交换比、空对舰命中概率、地对空拦截概率以及侦察探测概率等进行建模，那么其中包含的随机因素将可能使得模拟过程的结果都会有差异，因而必须通过多次模拟才能发现战役中存在的内在规律。由于战役过程过于复杂，下节基于经典的单通道排队系统建模示例详细说明离散事件建模的方法和过程。

2.6 排队系统模型示例

排队系统由顾客总体、到达类型、服务机制、系统容量和排队规则组成。图 2－3 为一个简单的单通道排队系统示意图。顾客总体的成员可能是理发店顾客，也可能是电话呼叫或修理厂的顾客，称为个体或实体。

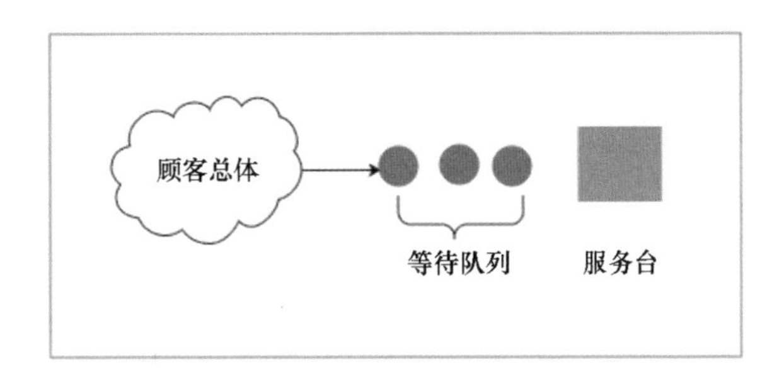

图2-3　单通道排队系统

2.6.1　基于事件的排队系统模型

1. 系统输入与输出

排队系统输入为到达的顾客实体，输出为离开系统的顾客实体。

2. 系统离散状态抽象

整个排队系统的状态抽象为顾客队列长度与服务台状态。

3. 系统事件抽象

事件分为两类：

- 顾客到达事件；
- 顾客离开事件。

事件抽象是离散事件系统建模的核心，关于此部分内容详见第5章“复杂离散事件仿真模型设计”。顾客到达事件和顾客离开事件是两种事件类型，不是具体的事件实例。显然具体的到达事件与到达的实体和到达时间相关，而特定的顾客离开事件也是与服务的实体和服务结束时间相关。

4. 事件影响分析

这两类事件在发生时都会导致排队系统模型的状态发生变化，并会根据不同条件产生后续新的事件。图2-4和图2-5中分别给出了顾客到达事件和顾客离开事件发生时的系统状态变化和事件生成逻辑。

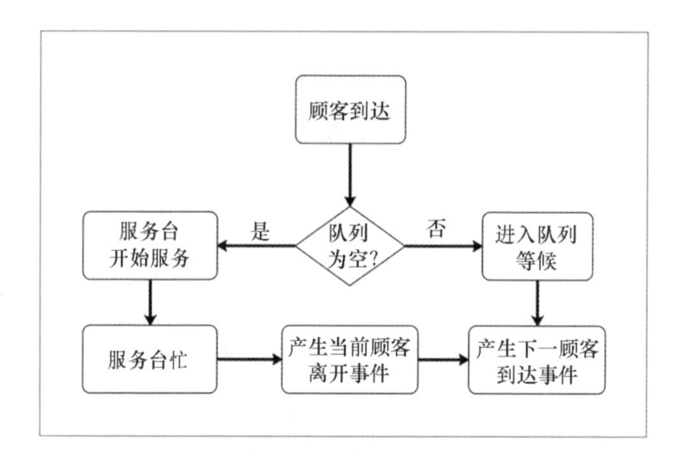

图 2-4　顾客到达事件影响逻辑

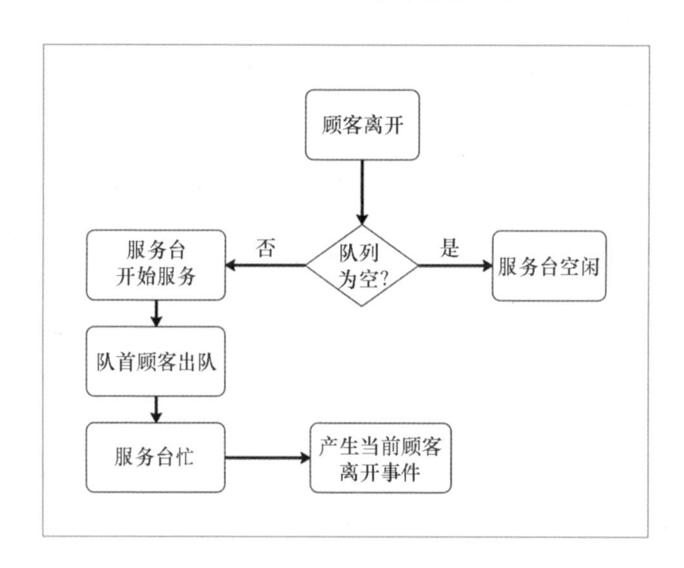

图 2-5　顾客离开事件影响逻辑

当顾客到达事件发生时，个体进入系统，系统中的个体数量加 1；如果服务台空闲，则立刻开始服务，服务台由闲变忙；如果服务台忙，则该个体进入队列。在该过程中会产生两个事件：到达事件和离开事件。一般而言，可依据每个顾客的到达时间定义其到达事件时间，这需要在模拟前确定每一个顾客的到达时间，并将其放入事件集合中。另一种方法是根据顾客到达时间间隔产生下一顾客的到达事件时间，这样仅需要确定第一个顾客的到达事件时间，后续顾客的到达事件时间就可以通过前一个顾客的到达事件时间加时间间隔确定。

这里选择第二种方式产生下一顾客到达事件时间，并将其放入未来事件集合。由于顾客到达事件的时间间隔一般服从一定概率分布（例如指数分布），因而只需要根据概率分布生成时间间隔即可确定下一顾客到达事件的时间。此外，服务台开始为顾客服务后，可以根据该顾客的服务时间确定该顾客的服务结束时间，该时间即为顾客离开事件的发生时间，因此在为顾客服务后可将其离开事件放入未来事件集合。

当顾客离开事件发生时，系统中的个体数量减1。如果没有个体在队列中等待，则服务台转为空闲；如果有一个或更多个体在队列中等待，则队首个体开始接受服务，服务台继续处于忙的状态。如果队列中有顾客，则可以根据该顾客的服务时间确定该顾客的服务结束时间，从而确定该顾客离开事件时间，并将该事件放入未来事件集合。

5. 初始状态和初始事件

可通过分析需求确定初始状态和初始事件。单通道排队系统的可能初始状态和初始事件为：

- 初始状态为“服务台忙，队列中没有顾客”，初始事件为“第一个顾客到达事件”；
- 初始状态为“服务台忙，队列中有 N 个顾客”，初始事件为“当前服务顾客离开事件”和“下一顾客到达事件”。

显然，一旦服务台忙，就必须存在一个“当前服务顾客离开事件”，否则将会使系统状态转移出现阻塞，其他顾客将永远得不到服务机会。可以采用最简单的初始状态，即“服务台空闲，队列中没有顾客”，初始事件为“第一个顾客到达事件”。

6. 系统模型参数

若要确定顾客到达事件和顾客离开事件的时间，则必须要确定顾客到达时间间隔和顾客服务时间。一般而言，顾客到达时间间隔和顾客服务时间均服从特定的随机分布，因此可以应用其分布函数来生成。为简化人工运行复杂性，先采用每个顾客的到达时间间隔样本和服务时间样本作为排队服务系统模型的输入参数。设第 i 个顾客与第 $i+1$ 个顾客的到达时间间隔为 Ai，服务台为第 i 个顾客的服务时间为 Si，则相关样本值如表 2－3 所示。

表 2－3　顾客到达时间间隔样本和服务时间样本

顾客标识	到达时间间隔	服务时间
1	$A1=15$	$S1=43$
2	$A2=32$	$S2=36$
3	$A3=24$	$S3=34$
4	$A4=40$	$S4=28$
5	$A5=22$	$S5=20$
……	……	……

7. 仿真结果输出

排队服务系统仿真运行的输出结果包括最大队列长度、平均队列长度、服务台忙闲率等。

2.6.2　基于事件的人工运行

在建立了基于事件的排队系统模型并设定该模型的初始状态、初始事件和相关参数后，就可以采用基于事件的模拟方法运行该模型。设：仿真时钟为“TIME”；每个顾客的到达事件为“时间/顾客标识 A”；每个顾客的离开事件为“时间/顾客标识 D”；服务台闲为“IDLE”；服务台忙为“顾客标识 B”，表示当前服务台为该顾客提供服务。

（1）初始化仿真时钟和系统模型状态。TIME ＝ 0；服务台状态为 IDLE。

（2）将初始事件置入未来事件集合。第一个顾客到达时间为 15，未来事件集合包含第一个顾客到达事件 15/1A。

（3）在未来事件集合中选择最早发生的事件。最早可能发生的事件也是唯一可能发生的事件是“顾客 1 到达”，所以选择当前最早发生的未来事件为 15/1A。

（4）仿真时钟推进至最早发生的事件时间。仿真时钟 TIME = 15，将事件 15/1A 从未来事件集合中删除。

（5）根据当前发生的事件改变系统模型状态并产生新的事件。TIME = 15 时刻，顾客 1 到达事件发生，由于服务台状态为“闲”，故开始为顾客 1 服务，服务台的状态变为“忙”。后续发生的事件为：

①“顾客 1 离开”，根据顾客 1 的服务时间，顾客 1 离开事件的发生时刻为 TIME + S1 = 15 + 43 = 58，后续发生“58/1D”；

②“顾客 2 到达”，根据顾客 2 和顾客 1 的到达间隔，顾客 2 的到达时刻为 TIME + A2 = 15 + 32 = 47，后续发生“47/2A”。

（6）返回到（3），在未来事件集合中选择最早发生的事件。当前未来事件集合中包含（47/2A，58/1D）两个事件，确定下一最早发生的事件为“47/2A”，即“顾客 2 到达”。

（7）仿真时钟推进至最早发生的事件时间。将事件 47/2A 从未来事件集合中删除，仿真时钟 TIME = 47。

（8）根据当前发生的事件改变系统模型状态并产生新的事件。仿真时钟推进至 TIME = 47 时刻，顾客 2 到达事件发生，但因服务台状态为“B1”，即“忙”于为顾客 1 服务，则顾客 2 只好进入队列排队等待，队列长度变为 1。后续发生的事件为：

①“顾客 1 离开”，即未来事件集合中的“58/1D”发生，离开时刻为 58；

②“顾客 3 到达”，根据顾客 3 和顾客 2 的到达时间间隔，顾客 3 到达的时刻为 TIME + A3 = 47 + 24 = 71，即后续发生“71/3A”。

（9）返回到（3），在未来事件集合中选择最早发生的事件。当前未来事件集合中包含（71/3A，58/1D）两个事件，确定下一最早发生的事件为“58/1D”，即“顾客 1 离去”。

（10）仿真时钟推进至最早发生的事件时间。将事件“58/1D”从未来事件集合中删除，仿真时钟 TIME ＝ 58。

（11）根据当前发生的事件改变系统模型状态并产生新的事件。仿真时钟推进至 TIME ＝ 58 时刻，顾客 1 离去。由于队列长度为 1，服务台开始为排在队列首位的顾客 2 服务，队列长度变为 0。后续发生的事件为：

①“顾客 2 离去”，根据顾客 2 服务时间，顾客 2 离开事件发生时刻为 TIME ＋ S2 ＝ 58 ＋ 36 ＝ 94，即后续发生事件“94/2D”；

②“顾客 3 到达”，即后续发生事件“71/3A”。

（12）返回到（3），选择未来事件集合中最早发生的事件。“顾客 3 到达”，即“71/3A”。

（13）仿真时钟推进至最早发生的事件时间。将事“71/3A”从未来事件集合中删除，仿真时钟 TIME ＝ 71。

……

将系统初始状态、各个时刻的事件和系统状态逐行填写在如表 2－4 所示表格中，可以得到未来事件和系统状态变化过程。

表 2－4　各个时刻的事件和系统状态

时间	事件		服务台状态		队列状态	下一最早事件
	当前发生事件	未来事件集合	当前状态	事件发生后状态	长度	
0	—	15/1A	IDLE	IDLE	0	15/1A
15	1A	47/2A，58/1D	IDLE	B1	0	47/2A
47	2A	71/3A，58/1D	B1	B1	1	58/1D
58	1D	71/3A，94/2D	B1	B2	0	71/3A
71	3A	111/4A，94/2D	B2	B2	1	94/2D

2.7 小结

离散事件系统建模是一种基于事件对系统动态行为进行抽象的建模方法，在日常生活和工作中广泛应用。其中，研究计划、工作进度、发展规划等属于典型的未来事件预测表应用。通过这些计划和规划，可以将未来可能发生的状态变化归纳成未来的事件。离散事件系统建模方法虽然可用于简化抽象系统动态行为，但也存在一些明显的局限性。

1. 事件抽象的复杂性

事件抽象代表了对系统行为的认知，具有主观性。因此，对于同一个离散事件系统仿真应用，不同的人可能抽象出不同的类型或事件处理逻辑，这是离散事件系统建模的核心工作，也是难点。

2. 事件的可预测性

根据离散事件系统仿真运行过程可知，在建立离散事件系统模型时，必须确保事件是可预测的。如果存在不可预测事件，或者未来事件难以确定，将显著增加离散事件系统建模的复杂性。例如，连续系统中的状态事件（状态变化超过某个阈值或条件即认为发生状态事件，如导弹拦截、卫星侦察、跟踪监视等）就属于难以预测的事件。在这种情况下，只能应用时间片法或连续系统计算监测方法检查状态事件，而不能预测状态事件，这也是产生连续－离散混合系统仿真方法的根本原因。

练习

1. 确定下列活动中包含的至少四个交替的状态和事件：

（1）正在进行的篮球比赛；

（2）吃饭；

(3) 打电话;

(4) 在商店购物。

2. 确定下列系统的组成要素(输入、输出、状态、事件和参数):

(1) 包含三个指针的落地钟;

(2) 农场中移动的羊群;

(3) 正在进行的围棋比赛;

(4) 单足跳;

(5) 正在执行的冒泡排序算法;

(6) 采用吸管喝一杯牛奶。

3. 状态和事件是普遍存在的。列出一个房间(公寓、会议室或大厅)的任意一处的对象及与该对象相关的状态和事件。

4. 建立在超市熟食店购买一条活鱼过程的离散事件模型,该过程包括顾客和服务台。

第3章

事件调度法仿真模型设计

第2章采用人工运行方式对单通道排队系统行为过程进行模拟，以便说明离散事件系统建模方法及运行原理。人工运行方式主要通过单步手工计算推进仿真时钟、变更系统状态并对未来事件集合进行必要操作。这种人工运行方式有助于建模人员学习和理解离散事件系统建模的核心思想，也可用于检验离散事件模型中事件处理逻辑的正确性和完整性。然而，这种方式存在运行效率低、操作复杂等问题。在实际应用中一般通过计算机自动完成这些过程，这样可以在短时间内完成大规模的事件处理和系统模型状态计算，从而快速获得系统模型的运行结果。第2章所建立的排队系统模型属于理论或概念模型，要使其在计算机上自动执行，还必须基于面向计算机执行的离散事件仿真运行策略，将相关要素映射到计算机程序实现上，从而将系统理论或概念模型转换为计算机可执行模型（程序），实现人工运行方式向自动运行方式的转换。

3.1 结构化的事件调度仿真策略

为支持基于计算机的离散事件系统仿真，必须将离散事件系统模型组成要素映射到计算机程序实现上。根据第 2 章的人工运行过程可知，这些组成要素主要包括：

（1）时间；

（2）输入；

（3）输出；

（4）状态；

（5）事件；

（6）未来事件集合；

（7）仿真时钟推进；

（8）事件发生对系统状态的影响。

其中，事件（Event）是运行过程的核心要素，整个运行过程本质上是一种结构化的事件调度过程，即通过与一个全局事件数据结构进行交互来推进仿真时钟、执行（计算）仿真模型。在事件调度方法中，采用未来事件表（Future Event List，FEL）表示未来事件集合。一个全局的 FEL 控制着仿真运行，不同模型单元向 FEL 提交将要发生的事件。一个核心控制循环不断触发 FEL 中最早发生的事件，然后通过 switch 语句检查该类型，执行相应的处理程序或事件例程。事件例程一般与类型相关，包含该事件发生时的各种处理操作和状态转移操作，它对应于概念模型中事件发生对系统状态的影响。图 3－1给出了事件调度的基本周期。

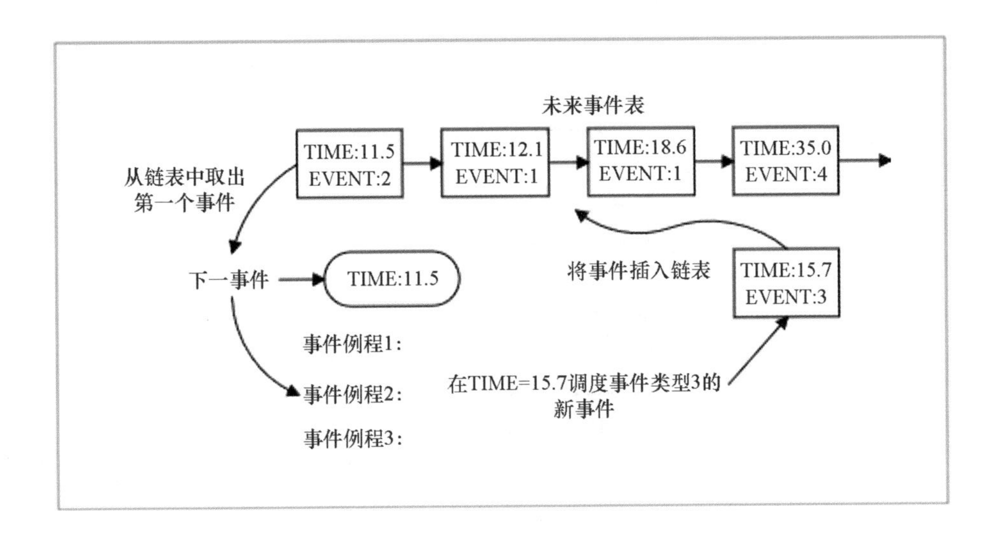

图3－1　事件调度基本周期

事件调度法可以进一步细化为如图3－2所示的计算流程。这一流程可以被进一步划分为两个阶段。在A段主要是确认FEL中最早发生事件，同时将仿真时钟推进至该事件的发生时刻；在B段针对每个被触发的事件调用相应的事件例程，并向FEL提交可能的后续事件。

如果存在多个发生时间相同的事件，则可以通过解结规则给出这些事件的优先级，从而确定这些事件的执行顺序。FEL的数据结构类型是一种优先级队列（按时间和事件优先级进行排序），涉及下面几个主要操作：

- 入列。在FEL数据结构中插入一个带有时间标记和优先级的事件，以便FEL数据结构按照事件发生时间和优先级存储事件。
- 出列。取出并删除FEL数据结构中发生时间最早的事件。
- 取消。删除FEL数据结构中特定标识的事件，使得该事件不会发生。

可以采用不同的数据结构实现FEL优先级队列。针对上述操作，这些数据结构具有不同的性能特点。以入列操作为例，哈希表是入列事件最完美的数据结构，但是，其出列操作计算量相对较大。对于出列来说，有分类排列功能的链表结构比较方便，链表头可以总是指向发生时间最早的事件。

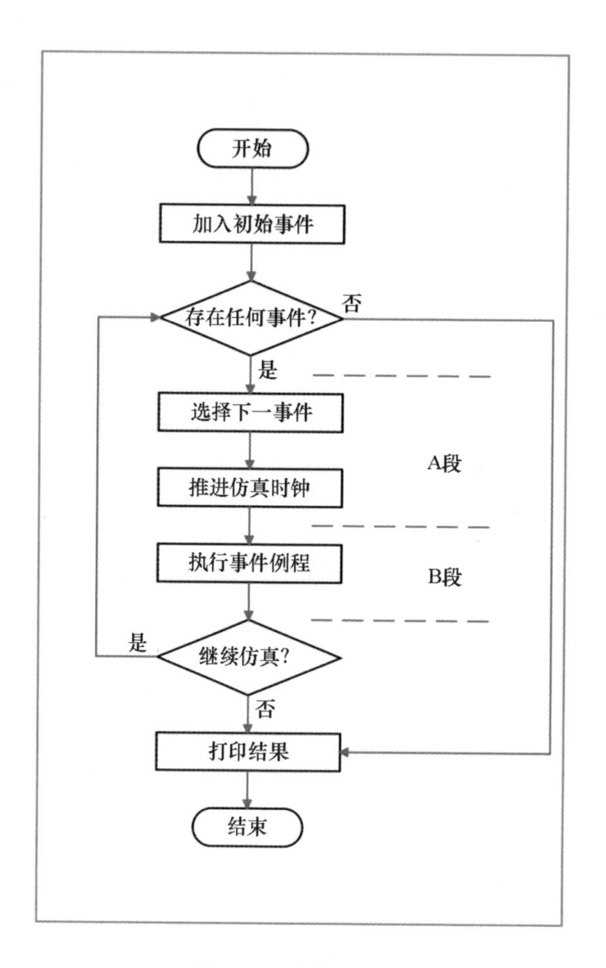

图 3－2　事件调度法

3.2　排队系统仿真模型的C ++实现

在设计开发离散事件系统仿真模型时，可以采用链表、树和表三种数据结构来实现 FEL 并支持基于 FEL 的事件管理。当前，C ++ 、Java、Javascript 等计算机程序设计语言均包含支持上述数据结构的高性能软件库或软件包。

下面，给出直接采用C ++ 标准数据结构实现的、基于事件调度的排队系统仿真模型，基于该模型还可以进一步形成规范化的离散事件仿真库。该排队系统仿真模型源代码见 rubber-duck/examples/Queue/Queue.cpp 文件。

“码”上有代码

1. 事件表示

事件调度仿真策略围绕事件进行仿真调度，首先需要用C++数据结构表示事件。

```
//事件结构: Event, 仅考虑事件发生时间、事件类型和顾客标识
struct Event{
    int type; //事件类型
    double time; //发生时间
    int id; //用户标识
};
#define ARRIVAL 1 //到达事件类型
#define DEPARTURE 2 //离开事件类型
```

该模型将事件定义为C++的结构类型，其中，time 表示事件发生时间；type 表示类型，可用于调用不同的事件处理函数；id 表示事件发生时所关联的用户标识，用于获得事件发生时所需的额外信息。常量 ARRIVAL 和 DEPARTURE 分别用于标识到达事件和离开事件类型。

2. 数据输入

为与人工运行保持一致，采用数组 A 和 S 定义前 5 个顾客的到达时间间隔和服务时间，ARRIVAL_NUM 定义到达顾客的最大数量，customerID 定义当前到达顾客的数组索引标识。

```
#define ARRIVAL_NUM 5
double A[] = {15.0, 32.0, 24.0, 40.0, 22.0};
double S[] = {43.0, 36.0, 34.0, 28.0, 20.0};
//新顾客标识
int customerID = 0;
```

3. 仿真时钟和未来事件表

采用双精度类型 simClock 表示仿真时钟，采用C ++ 标准模板 std::list 表示未来事件表。

```
//仿真时钟
double simClock = 0;
std::list<Event *>FutureEventList;
```

4. 系统状态表示

采用C ++ 标准模板 std::queue 表示顾客队列。采用一些全局变量表示当前仿真模型的状态。

```
std::queue<int> customers;

long NumberOfCustomers, QueueLength, NumberInService, MaxQueueLength,
TotalCustomers, NumberOfDepartures;
```

其中相关变量说明如表 3 – 1 所示。

表 3 – 1 模型变量说明

变量名称	变量说明
NumberOfCustomers	当前系统中的顾客数量
QueueLength	当前队列长度
NumberInService	当前系统中接受服务的顾客数量
MaxQueueLength	最大队列长度
NumberOfDepartures	离开顾客数量
TotalCustomers	控制仿真运行结束变量。初始化指定该数量，当离开顾客数量大于该变量值时，仿真结束

5. 未来事件表操作

通过C ++ std::list 接口实现了 FEL 的事件插入和读取操作。其中，事件插入 FEL 函数 Enqueue( ) 如下。

```
//插入事件
void Enqueue( Event *pEvent) {
    //前面有更大时间戳的事件，则插入其之前
    for( std: : list < Event *> : : iterator it = FutureEventList. begin( ) ;
        it ! = FutureEventList. end( ) ; it ++ ) {
        Event *pItEvent = *it;
        if( pEvent -> time < pItEvent -> time) {
            FutureEventList. insert( it, pEvent) ;
            return;
        }
    }
    //否则插入末尾
    FutureEventList. push_back( pEvent) ;
}
```

该函数根据事件时间将其插入 FEL，并确保事件按照发生时间顺序进行排序。获取下一发生事件函数 Dequeue( ) 如下。

```
//移出下一未来事件记录
Event *Dequeue( ) {
    if( FutureEventList. size( ) = = 0)
        return NULL;
    Event *pEvent = *( FutureEventList. begin( ) ) ; //第一个事件记录
    FutureEventList. erase( FutureEventList. begin( ) ) ; //从列表中删除该记录
    return pEvent;
}
```

该函数返回 FEL 中队首事件（最早发生事件）。如果 FEL 中没有事件，则返回 NULL。返回的事件由调用方负责从 FEL 中删除。

6. 到达事件处理函数

根据排队系统概念模型，到达事件处理函数负责修改模型状态，并根据需要产生后续调度事件。到达事件处理函数 ProcessArrival( )如下。

```
void ProcessArrival( Event * pArrivalEvent) {
    printf( "ProcessArrival Event for CustomerID: %d \ n", pArrivalEvent ->id) ;
    QueueLength ++;
    customers. push( pArrivalEvent ->id) ;
    // if the server is idle, fetch the event, do statistics
    // and put into service
    if( NumberInService  = = 0) {
        ScheduleDeparture( ) ;
    }
    // adjust max queue length statistics
    if( MaxQueueLength  < QueueLength) {
        MaxQueueLength  = QueueLength;
    }
    if( customerID  > = ARRIVAL_ NUM) {
        return;
    }
    // schedule the next arrival
    Event  * pEvent  = new Event( ) ;
    pEvent ->time  = simClock  + A[ customerID] ;
    pEvent ->type  = ARRIVAL;
    pEvent ->id  = customerID;
    customerID ++;
```

```
        Enqueue(pEvent);
    }
```

函数 ProcessArrival()参数为当前发生的到达事件对象。当该事件发生时，调用 ProcessArrival()。ProcessArrival()主要计算过程如下：

（1）该函数首先将队列长度加 1，将当前顾客标识添加到顾客队列 customers 中；

（2）判断当前服务的顾客数量，如果为 0 则表示服务台空闲，将调用 ScheduleDeparture()产生该顾客的离开事件；

（3）根据队列长度确定是否需要更新 MaxQueueLength；

（4）由于该模型仅考虑有限个顾客，所以当 customerID 大于等于 ARRIVAL_NUM 时将直接返回；

（5）如果 customerID 小于 ARRIVAL_NUM，将产生新的事件对象，类型为 ARRIVAL，根据仿真时钟 simClock 和顾客到达时间间隔 A [customerID] 确定该到达事件发生时间，将该事件的标识指定为 customerID，最后将该事件对象通过 Enqueue()加入 FEL，并将 customerID 加 1。

7. 离开事件处理函数

离开事件处理函数按照排队系统概念模型修改模型状态，并根据需要调度后续事件。离开事件处理函数 ProcessDeparture（）如下。

```
//离开事件
void ProcessDeparture(Event *pDepartureEvent){
    printf("ProcessDeparture Event for CustomerID: %d\n", pDepartureEvent->id);
    NumberOfDepartures++;
    // if there are customers in the queue then schedule
    // the departure of the next one
    if(QueueLength > 0){
        ScheduleDeparture();
```

```
        }
        else{
            NumberInService = 0;
        }
    }
```

函数 ProcessDeparture( )参数为当前发生的离开事件对象。当该事件发生时，调用 ProcessDeparture( )。ProcessDeparture( )主要计算过程如下：

(1) 该函数首先增加 NumberOfDepartures 数量。

(2) 判断 QueueLength，如果 QueueLength 大于 0，将调用函数 ScheduleDeparture( )产生队首顾客的离开事件。

(3) 如果 QueueLength 为 0，则将 NumberInService 赋值为 0，说明服务台空闲。否则，调用函数 ScheduleDeparture( )，产生队首顾客的离开事件。

ScheduleDeparture（）如下：

```
//调度离开事件
void ScheduleDeparture( ){
    int id = customers. front( );
    customers. pop( );
    Event *pEvent = new Event( );
    pEvent -> time = simClock + S[ id];
    pEvent -> type = DEPARTURE;
    pEvent -> id = id;
    Enqueue( pEvent);
    NumberInService = 1;
    QueueLength --;
}
```

ScheduleDeparture( )主要计算过程如下：

(1) 获取并删除队列中的第一个标识。

（2）生成新的事件对象，类型为DEPARTURE；根据仿真时钟simClock和顾客服务时间S[id]确定离开事件发生时间；将该事件的顾客标识指定为id；最后，将该事件对象通过Enqueue()加入FEL。

（3）设置NumberInService为1，表示服务台处于忙状态，并将队列长度QueueLength减1。

8. 模型初始化

Initialization()初始化模型状态变量和运行控制变量，根据初始事件产生第一个到达事件，并将其添加到FEL。Initialization()如下。

```
void Initialization(){
    TotalCustomers = 1000;
    QueueLength = 0;
    NumberInService = 0;
    MaxQueueLength = 0;
    NumberOfDepartures = 0;
    Event *pEvent = new Event();
    pEvent->time = simClock + A[customerID];
    pEvent->type = ARRIVAL;
    pEvent->id = customerID;
    Enqueue(pEvent);
    customerID++;
}
```

9. 仿真结果打印

仿真结束后，调用函数ReportGeneration()打印仿真结果。ReportGeneration()如下。

```
void ReportGeneration(){
    printf("SINGLE SERVER QUEUE SIMULATION - GROCERY STORE CHECKOUT
```

```
        COUNTER \ n");
    printf("\ tNUMBER OF CUSTOMERS SERVED %ld \ n", TotalCustomers);
    printf("\ tMAXIMUM LINE LENGTH %ld \ n", MaxQueueLength);
    printf("\ tSIMULATION RUNLENGTH %f MINUTES \ n", simClock);
    printf("\ tNUMBER OF DEPARTURES %ld \ n", TotalCustomers);
}
```

10. 仿真运行调度

在主程序main()中执行初始化、执行事件调度循环和打印仿真结果。main()如下。

```
int main(int argc, char *argv[]){
    Initialization();
    // Loop until first "TotalCustomers" have departed
    while(NumberOfDepartures < TotalCustomers && FutureEventList.size() > 0){
        Event *pEvent = Dequeue(); // get imminent event
        simClock = pEvent->time; // advance simulation time
        printf("Simulation Clock: %f \ n", simClock);
        switch(pEvent->type){
            case ARRIVAL:
                ProcessArrival(pEvent);
                break;
            case DEPARTURE:
                ProcessDeparture(pEvent);
                break;
        }
        delete pEvent;
    }
    ReportGeneration();
```

```
    return 0;
}
```

主程序 main( )主要计算过程包括：

（1）函数 Initialization( )初始化模型状态和调度初始事件，FEL 中将存在第一个顾客到达事件。

（2）循环调度事件。每次循环读取 FEL 中的最早发生事件，按照事件时间推进仿真时钟 simClock，然后采用 switch 语句根据类型分别调用 ProcessArrival( )和 ProcessDeparture( )处理到达事件和离开事件。该循环直到离开顾客数量超过指定的仿真结束的顾客数量为止。如果 FEL 中没有事件，循环也将终止从而结束仿真运行。

（3）循环结束后将调用 ReportGeneration( )打印仿真结果。

11. 仿真运行

启动命令行终端，进入 RubberDuck\examples\Queue 目录，执行 make 命令将在 RubberDuck\bin 中产生 Queue.exe 文件，执行 Queue.exe 将产生如图 3-3 所示结果。显然，每个事件打印的时间和状态与第 2 章的人工运行是一致的。

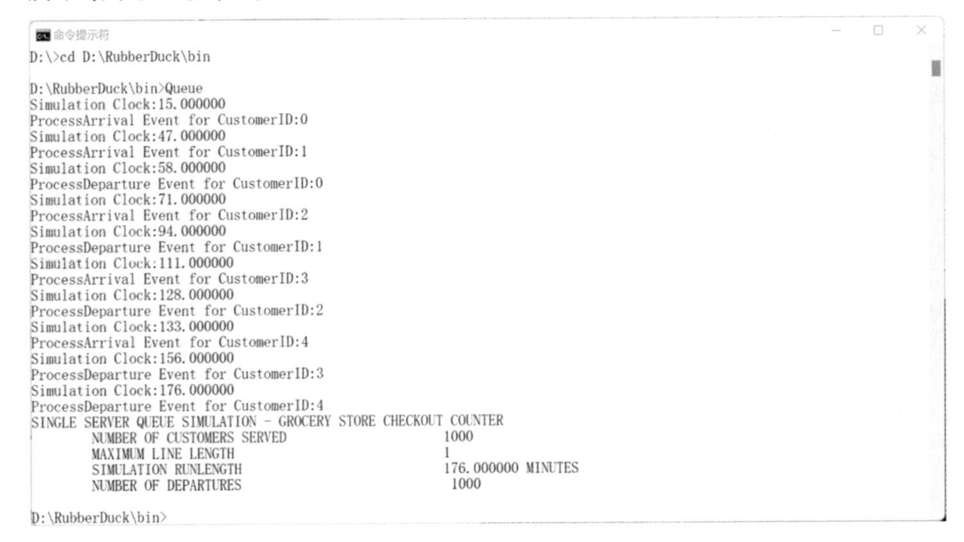

```
命令提示符
D:\>cd D:\RubberDuck\bin

D:\RubberDuck\bin>Queue
Simulation Clock:15.000000
ProcessArrival Event for CustomerID:0
Simulation Clock:47.000000
ProcessArrival Event for CustomerID:1
Simulation Clock:58.000000
ProcessDeparture Event for CustomerID:0
Simulation Clock:71.000000
ProcessArrival Event for CustomerID:2
Simulation Clock:94.000000
ProcessDeparture Event for CustomerID:1
Simulation Clock:111.000000
ProcessArrival Event for CustomerID:3
Simulation Clock:128.000000
ProcessDeparture Event for CustomerID:2
Simulation Clock:133.000000
ProcessArrival Event for CustomerID:4
Simulation Clock:156.000000
ProcessDeparture Event for CustomerID:3
Simulation Clock:176.000000
ProcessDeparture Event for CustomerID:4
SINGLE SERVER QUEUE SIMULATION - GROCERY STORE CHECKOUT COUNTER
        NUMBER OF CUSTOMERS SERVED              1000
        MAXIMUM LINE LENGTH                     1
        SIMULATION RUNLENGTH                    176.000000 MINUTES
        NUMBER OF DEPARTURES                     1000

D:\RubberDuck\bin>
```

图 3-3　Queue 模型运行输出

3.3 包含随机输入的排队系统仿真模型

为保持与人工运行方式一致，3.2 节所述排队系统仿真模型仅考虑了 5 个顾客的样本。一般而言，顾客到达时间间隔和服务时间是服从特定分布的随机变量。如果要考虑更多的顾客数量，可以采用随机变量生成方法在需要时生成服从特定分布的顾客到达时间间隔和服务时间样本，而不必将样本事先保存在 A 和 S 中。

3.2 节所述模型的修正版见 rubber-duck/examples/QueueRandom 目录中的 Queue.cpp 文件。其中，假定每个顾客的到达时间间隔服从指数分布，服务时间服从正态分布，在需要产生每个顾客的到达时间间隔或服务时间样本时，采用 RubberDuck 库的 Random 对象进行动态生成。Random 介绍参见第 4 章。

1. 随机数生成

Queue.cpp 中的 Random * pStream 定义了 Random 对象，用于生成随机样本。MeanInterArrivalTime 和 MeanServiceTime 定义了指数分布参数，SIGMA 定义了正态分布参数。Initialization( ) 中设置了上述随机分布参数，采用“123456”作为种子值新建 Random 对象，并通过 pStream -> nextExponential( ) * MeanInterArrivalTime 产生顾客到达时间间隔样本。同样，ProcessArrival( ) 也采用上述方法产生到达时间间隔样本。

```
void Initialization(){
    MeanInterArrivalTime = 4.5; MeanServiceTime = 3.2;
    SIGMA = 0.6; TotalCustomers = 10;
    …
    pStream = new Random(123456);
```

```
    ...
    pEvent ->time = simClock + pStream ->nextExponential() *
                    MeanInterArrivalTime;
    ...
}
```

2. 顾客服务时间生成

ScheduleDeparture()采用 Random 生成服务时间样本。ScheduleDeparture()修改如下。

```
void ScheduleDeparture(){
    ...
    pEvent ->time = simClock + pStream ->nextNormal(MeanServiceTime,
                    SIGMA);
    ...
}
```

3. 仿真运行

由于 Initialization()将 TotalCustomers 设置为 10，当离开顾客数量超过 10 时，仿真终止。所以在通过 make 命令生成 QueueRandom.exe 后，其执行结果如图 3－4 所示。

显然，实际排队系统中的顾客数量会大大超出上述指定的顾客数量。通过设置 TotalCustomers 数量，采用随机变量生成方法可以实现任意顾客数量的排队系统模拟。相比于人工运行，这可以发挥计算机优势，实现自动化仿真运行。如果反复运行，还可以实现排队系统仿真模型的批量运行。

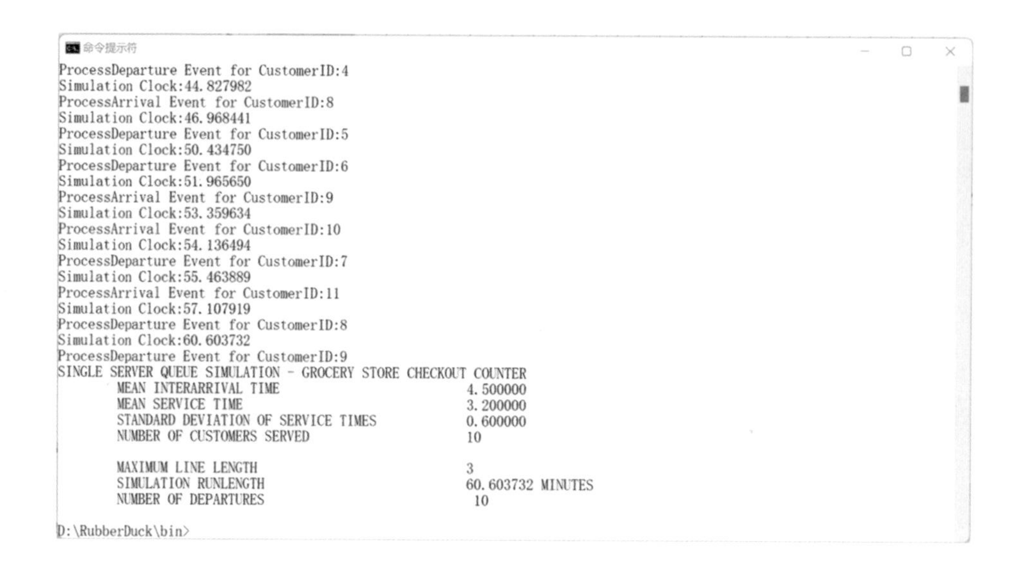

图 3-4　QueueRandom 运行输出

3.4　排队系统仿真模型的批量运行

排队系统仿真模型 QueueRandom 中引入了 MeanInterArrivalTime、MeanServiceTime、SIGMA 作为生成顾客到达时间间隔样本和服务时间样本的随机变量分布参数。其中，MeanInterArrivalTime 代表了系统输入的特点，MeanServiceTime、SIGMA 代表了排队系统的服务能力。显然，在不同的系统输入和服务能力下，排队系统会表现出不同的性能。可以在上述 QueueRandom 模型基础上，建立一个支持批量运行的排队系统仿真模型 QueueBatch，考察排队系统在不同输入和服务能力参数下的性能变化。QueueBatch 模型见 rubber-duck/examples/QueueBatch/Queue.cpp 文件。

1. 性能指标定义

为考察排队系统性能变化，需要定义面向排队系统的性能指标及其计算方法。这些指标如表 3－2 所示。

表 3－2　性能指标定义及其计算方法

性能指标	定义	计算方法
服务利用率	服务台在整个仿真期间忙状态所占的比例	通过服务台处于忙状态的时间与仿真运行时间之比进行计算
最大队列长度	整个仿真期间队列的最大长度	通过在每次队列增加时比较队列长度的最大值获得
顾客平均停留时间	顾客停留时间是顾客进入系统以后、直到服务结束离开系统的时间	通过所有顾客的停留时间与顾客数量之比获得
超时停留顾客比例	顾客停留时间如果超过指定停留时间阈值，则可以确定该顾客为超时停留顾客	统计超时停留顾客数量，通过该数量与离开的所有顾客数量之比获得超时停留顾客比例

2. 顾客实体数据结构

为统计每个顾客的停留时间，增加了 Customer 结构，定义如下：

```
struct Customer{
    int customerID; //属性: CustomerID
    double arrivalTime; //属性: 到达时间
    double startServiceTime; //属性: 到达时间
}
```

其中，customerID 为顾客标识，arrivalTime 为顾客到达时间，startServiceTime 为顾客的开始服务时间。可以基于仿真时钟和 arrivalTime 计算顾客的停留时间；基于仿真时钟和 startServiceTime 计算顾客的服务时间，用于服务台的服务时间统计。同样，队列定义也需要采用C ++ 标准队列模板 std: : queue < Customer *> customers 进行重新定义。

3. 性能指标和服务状态表示

为支持上述性能指标计算，需要定义几个全局统计变量，这些变量定义如下：

```
double TotalBusy, MaxQueueLength, SumResponseTime;
long NumberOfCustomers, QueueLength, TotalCustomers, NumberOfDepartures,
LongService;
```

其中，TotalBusy 为服务台处于忙状态的时间；SumResponseTime 为所有顾客的等待时间；LongService 为等待时间超过 4 分钟的顾客数量。

该模型不再采用 NumberInService 表示服务台服务状态，而是采用 Customer * CustomerInService = NULL 表示当前服务台服务的顾客对象。CustomerInService 指针为 NULL 表示当前服务台空闲，否则表示当前服务台正在为 CustomerInService 顾客服务。当处理顾客到达事件和离开事件时，可以按照上述变量和结构进行统计和计算。

4. 到达事件处理函数

到达事件处理函数采用 Customer 结构和 CustomerInService 处理事件。QueueBatch 到达事件处理函数如下。

```
void ProcessArrival( Event * pArrivalEvent) {
    QueueLength ++;
    Customer * customer = new Customer( );
    customer -> customerID = pArrivalEvent -> id;
    customer -> arrivalTime = simClock;
    customer -> startServiceTime = 0;
    customers. push( customer) ;
    // if the server is idle, fetch the event, do statistics
```

```
        // and put into service
        if( CustomerInService  = = NULL) {
            ScheduleDeparture( ) ;
        }
        // adjust max queue length statistics
        if( MaxQueueLength  < QueueLength) {
            MaxQueueLength  =  QueueLength;
        }
        …
    }
```

当到达事件发生时，调用函数 ProcessArrival( )。ProcessArrival( )计算过程包括：

（1）将队列长度加 1，新建 Customer 数据对象，确定该对象的顾客标识和顾客到达时间，初始化该顾客的开始服务时间，并将该数据对象添加到顾客队列 customers 中；

（2）判断 CustomerInService，如果为 NULL，则当前服务台空闲，将调用 ScheduleDeparture 函数产生该顾客的离开事件。

函数 ProcessArrival( )后续代码与前面版本一样。

5. 离开事件处理函数

离开事件处理函数将采用表 3－2 所列性能指标和服务状态进行统计和计算。QueueBatch 离开事件处理函数如下。

```
    //离开事件
    void ProcessDeparture( Event  * pDepartureEvent) {
        NumberOfDepartures ++;
        doubleresponse  =  ( simClock  –  CustomerInService –> arrivalTime) ;
        SumResponseTime  + =  response;
        if(  response  > 4. 0  )  LongService ++;
```

```
        TotalBusy += (simClock - CustomerInService->dstartServiceTime);
        delete CustomerInService;
        // if there are customers in the queue then schedule
        // the departure of the next one
        if(QueueLength > 0){
            ScheduleDeparture();
        }
        else{
            CustomerInService = NULL;
        }
}
```

函数 ProcessDeparture()计算过程包括：

(1) 增加 NumberOfDepartures 数量。

(2) 根据仿真时钟 simClock 和当前顾客 CustomerInService 的到达时间获取顾客在系统中的停留时间 response，并将 response 汇总到 SumResponseTime 全局变量。

(3) 如果 response 超过指定的停留时间阈值 4.0，则增加超时停留的顾客数量 LongService。

(4) 通过仿真时钟 simClock 和当前顾客 CustomerInService 的开始服务时间计算该顾客的接受服务时间，并汇总到 TotalBusy 全局变量。

(5) 在统计完成后，可以删除动态生成的数据对象 CustomerInService。

(6) 如果队列长度 QueueLength 不为 0，将调用函数 ScheduleDeparture() 产生队首顾客的离开事件。如果 QueueLength 为 0，则将 CustomerInService 赋值为 NULL，说明服务台空闲。

函数 ScheduleDeparture()用于产生队首顾客的离开事件，修改如下：

```
void ScheduleDeparture( ) {
    CustomerInService  =  customers. front( ) ;
    customers. pop( ) ;
    CustomerInService -> startServiceTime  =  simClock;
    Event  * pEvent  =  new Event( ) ;
    pEvent -> time  =  simClock  +  pStream -> nextNormal( MeanServiceTime,
                       SIGMA) ;
    pEvent -> type  =  DEPARTURE;
    pEvent -> id  =  CustomerInService -> customerID;
    Enqueue( pEvent) ;
    QueueLength -- ;
}
```

函数 ScheduleDeparture( )将 CustomerInService 设置为队首顾客数据对象，根据仿真时钟设置 CustomerInService 的开始服务时间；产生新的事件类对象，指定该事件的顾客标识为 CustomerInService 的 CustomerID 属性。

6. 模型初始化

为支持不同参数的仿真运行，初始化函数 Initialization( )将根据指定的参数值初始化相关模型参数，初始化模型状态变量、统计变量和运行控制变量，并根据初始事件产生第一个到达事件，添加到 FEL。

```
void Initialization( double meanInterArrivalTime, double meanServiceTime, double
                sigma, long totalCustomers) {
    MeanInterArrivalTime  =  meanInterArrivalTime;
                                MeanServiceTime  =meanServiceTime;
    SIGMA = sigma;  TotalCustomers  =  totalCustomers;
    TotalBusy  = 0 ;
    MaxQueueLength  = 0;
    SumResponseTime  = 0;
```

```
    QueueLength = 0;
    CustomerInService = NULL;
    MaxQueueLength = 0;
    NumberOfDepartures = 0;
    LongService = 0;
    simClock = 0;
    Clear();
    pStream = new Random(123456);
    ...
}
```

每次仿真运行时还需要清除上一次仿真运行的 FEL 和队列状态，因此增加函数 Clear()，用于初始化仿真运行状态。Clear()如下：

```
void Clear(){
    for(std::list<Event *>::iterator it = FutureEventList.begin();
        it != FutureEventList.end(); it++){
        Event * pItEvent = *it;
        deletepItEvent;
    }
    FutureEventList.clear();
    while(!customers.empty()){
        Customer * pCustomer = customers.front();
        deletepCustomer;
        customers.pop();
    }
}
```

7. 仿真结果打印

每次仿真结束后，调用函数 ReportGeneration() 打印仿真结果。

ReportGeneration( )增加了上述系统性能指标的计算和打印。ReportGeneration ( )如下。

```
void ReportGeneration( ){
    doubleRHO  = TotalBusy/simClock;
    doubleAVGR  = SumResponseTime/TotalCustomers;
    doublePC4  = ( ( double) LongService) /TotalCustomers;
    printf( "SINGLE SERVER QUEUE SIMULATION  -  GROCERY STORE
           CHECKOUT COUNTER \ n") ;
    printf(  "\ tMEAN INTERARRIVAL TIME %f \ n", MeanInterArrivalTime ) ;
    printf(  "\ tMEAN SERVICE TIME %f \ n", MeanServiceTime ) ;
    printf(  "\ tSTANDARD DEVIATION OF SERVICE TIMES %f \ n", SIGMA ) ;
    printf(  "\ tNUMBER OF CUSTOMERS SERVED %ld \ n", TotalCustomers ) ;
    printf( "\ n") ;
    printf(  "\ tSERVER UTILIZATION %f \ n", RHO ) ;
    printf(  "\ tMAXIMUM LINE LENGTH %f \ n", MaxQueueLength ) ;
    printf(  "\ tAVERAGE RESPONSE TIME %f MINUTES \ n", AVGR) ;
    printf(  "\ tPROPORTION WHO SPEND FOUR  \ n") ;
    printf(  "\ t MINUTES OR MORE IN SYSTEM %f \ n", PC4) ;
    printf(  "\ tSIMULATION RUNLENGTH %f MINUTES \ n",  simClock) ;
    printf(  "\ tNUMBER OF DEPARTURES %ld \ n", TotalCustomers ) ;
    char report[ 256] ;
    sprintf( report, "%f, \t%f, \t%f, \t%f, \t%f, \t%f, \t%f",
            MeanInterArrivalTime, MeanServiceTime, SIGMA, RHO,
            MaxQueueLength, AVGR, PC4) ;
    std: : string * pReport  = new std: : string( report) ;
    reports. push_back( pReport) ;
}
```

ReportGeneration( )通过 RHO 计算服务台利用率，通过 AVGR 计算平均顾客停留时间，通过 PC4 计算停留时间超过 4 分钟的顾客比例。为将不同批次的仿真运行结果进行对照分析，ReportGeneration( )除了打印当前仿真运行的结果，还将该批次的模型参数和仿真结果汇总为一个字符串并保存到全局 reports 向量数组中。reports 采用C ++ 标准模板 vector 定义，std: : vector <std: : string *> reports 。

8. **仿真运行调度**

仿真运行调度被封装为单独的运行函数Run( )，便于执行批量仿真运行，其中包括初始化、执行事件调度和打印单次仿真运行结果。Run( )如下。

```
void Run( double meanInterArrivalTime, double meanServiceTime, double sigma,
          long totalCustomers) {
    Initialization( meanInterArrivalTime, meanServiceTime, sigma, totalCustomers) ;
    // Loop until first "TotalCustomers" have departed
    while( NumberOfDepartures  < TotalCustomers && FutureEventList. size()  > 0) {
        Event  * pEvent  = Dequeue( ) ; // get imminent event
        simClock  = pEvent -> time; // advance simulation time
        switch( pEvent -> type) {
            case ARRIVAL:
                ProcessArrival( pEvent) ;
                break;
            case DEPARTURE:
                ProcessDeparture( pEvent) ;
                break;
        }
        delete pEvent;
    }
    ReportGeneration( ) ;
}
```

函数 Run( ) 参数为排队系统模型参数，通过这些参数调用函数 Initialization( )初始化仿真模型，产生第一个顾客到达事件，并通过事件调度循环进行仿真运行直到离开的顾客数量超过 TotalCustomers 或 FEL 中没有事件为止。仿真结束后将调用函数 ReportGeneration( )打印该批次的运行结果。

9. 仿真批量运行

主程序 main( )执行批量仿真运行，并在所有批量运行完成后打印各批次的仿真运行结果。main( )如下。

```
int main(int argc, char *argv[]){
    for(double a = 2; a <= 7;a += 0.5){
        Run(a,3.2,0.6,1000);
    }
    printf("\tMeanInterArrivalTime, \tMeanServiceTime, \tSIGMA,
        \tSERVER UTILIZATION, \tMaxQueueLength, \tAVGR, \tPC4 \n");
    for(std::vector<std::string *>::iterator it = reports.begin();
        it != reports.end(); it ++){
        std::string * pReport = *it;
        printf("%s \n", pReport->c_str());
        delete pReport;
    }
    return 0;
}
```

主程序 main( )采用一个 for 循环考察所有顾客的平均到达时间间隔对排队系统服务性能的影响，顾客平均到达时间间隔变化范围为 2 ~7 分钟，间隔为 0.5 分钟；每次顾客平均到达时间间隔变化后，调用 Run( )运行仿真，并生成该参数下的仿真运行结果。这里仅变化顾客平均到达时间间隔参数，其他参数与 QueueRandom 相同；每当离开顾客数量达到 1 000 时，仿真运行结束。在所有参数下的仿真运行都执行完毕后，打印 reports 中的所有批次的仿真结果数据。

10. **仿真运行结果**

启动命令行终端，进入 rubber-duck/examples/QueueBatch 目录，执行 make 命令将在 RubberDuck/bin 中产生 QueueBatch.exe 文件，执行 QueueBatch.exe 将产生如图 3-5 所示结果。

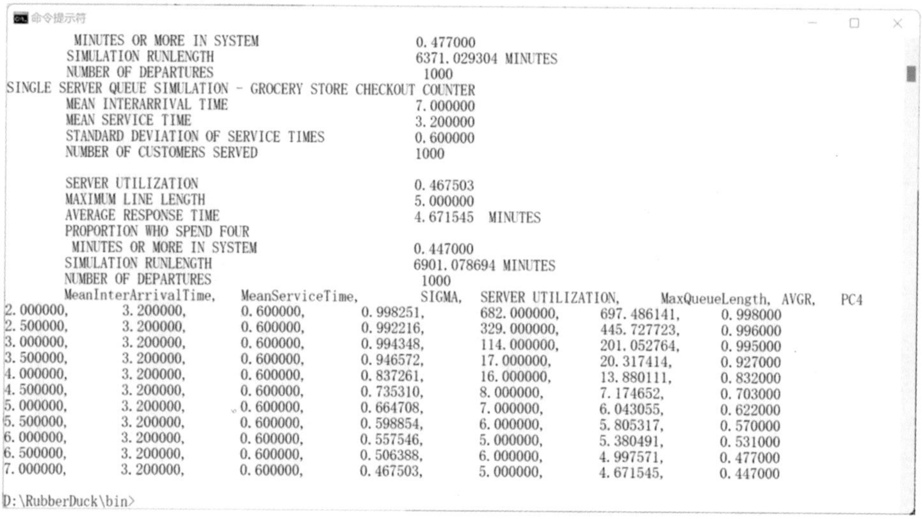

```
命令提示符
         MINUTES OR MORE IN SYSTEM                     0.477000
        SIMULATION RUNLENGTH                           6371.029304 MINUTES
        NUMBER OF DEPARTURES                            1000
SINGLE SERVER QUEUE SIMULATION - GROCERY STORE CHECKOUT COUNTER
        MEAN INTERARRIVAL TIME                         7.000000
        MEAN SERVICE TIME                              3.200000
        STANDARD DEVIATION OF SERVICE TIMES            0.600000
        NUMBER OF CUSTOMERS SERVED                     1000

        SERVER UTILIZATION                             0.467503
        MAXIMUM LINE LENGTH                            5.000000
        AVERAGE RESPONSE TIME                          4.671545  MINUTES
        PROPORTION WHO SPEND FOUR
         MINUTES OR MORE IN SYSTEM                     0.447000
        SIMULATION RUNLENGTH                           6901.078694 MINUTES
        NUMBER OF DEPARTURES                            1000
        MeanInterArrivalTime,  MeanServiceTime,         SIGMA,  SERVER UTILIZATION,  MaxQueueLength, AVGR,  PC4
2.000000,      3.200000,      0.600000,      0.998251,      682.000000,    697.486141,    0.998000
2.500000,      3.200000,      0.600000,      0.992216,      329.000000,    445.727723,    0.996000
3.000000,      3.200000,      0.600000,      0.994348,      114.000000,    201.052764,    0.995000
3.500000,      3.200000,      0.600000,      0.946572,      17.000000,     20.317414,     0.927000
4.000000,      3.200000,      0.600000,      0.837261,      16.000000,     13.880111,     0.832000
4.500000,      3.200000,      0.600000,      0.735310,      8.000000,      7.174652,      0.703000
5.000000,      3.200000,      0.600000,      0.664708,      7.000000,      6.043055,      0.622000
5.500000,      3.200000,      0.600000,      0.598854,      6.000000,      5.805317,      0.570000
6.000000,      3.200000,      0.600000,      0.557546,      5.000000,      5.380491,      0.531000
6.500000,      3.200000,      0.600000,      0.506388,      6.000000,      4.997571,      0.477000
7.000000,      3.200000,      0.600000,      0.467503,      5.000000,      4.671545,      0.447000

D:\RubberDuck\bin>
```

图 3-5　QueueBatch 运行输出

可以把所有批次的仿真结果数据汇总到 Excel 表格，通过图表发现顾客平均到达时间间隔对排队系统的服务性能影响。图 3-6 中给出了顾客平均到达时间间隔对服务台利用率和顾客平均停留时间的影响。

显然，顾客平均到达时间间隔越短，排队系统的服务台利用率越高，顾客平均停留时间也越长，最大队列长度越长，顾客超时停留比例越接近 1。也可以尝试改变其他的模型参数进行仿真实验，进而发现这些参数对排队系统服务性能的影响。

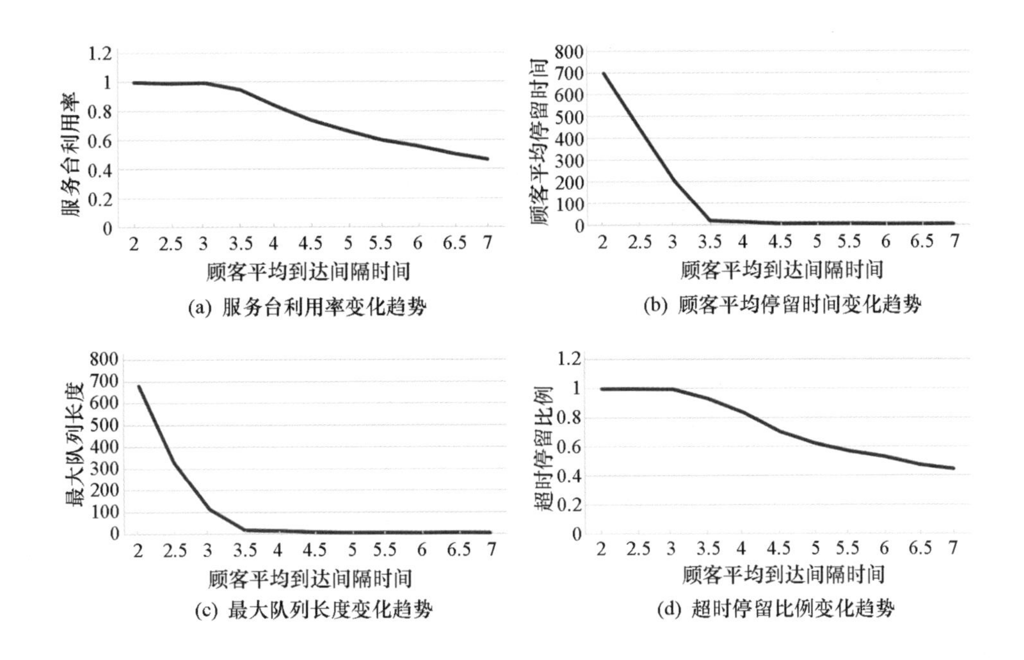

(a) 服务台利用率变化趋势

(b) 顾客平均停留时间变化趋势

(c) 最大队列长度变化趋势

(d) 超时停留比例变化趋势

图3-6　顾客平均到达时间间隔的影响分析

3.5 小结

本章在离散事件系统建模原理的基础上介绍了基于事件调度的仿真策略和仿真算法，并采用C++语言实现了面向事件调度的单通道排队系统仿真模型。在此基础上，还给出了到达时间间隔和服务时间服从随机分布的排队系统模型，可以支持对任意数量的顾客的到达事件和服务事件的模拟。最后，给出了面向不同系统参数条件下的排队系统批量仿真模型，可支持不同参数条件下的单通道排队系统分析。

本章所描述的单通道排队系统仿真模型，主要基于排队系统概念模型实现了未来事件表操作、仿真时钟推进、事件调度、仿真结果统计等功能。如果直接运用本章内容开发其他离散事件仿真模型，仍然需要根据建模需求重新编写实现相关类似功能。

练习

1. 设计和实现基于双向链表、优先级队列、二叉树、哈希表和堆的结构化事件调度算法，并通过不同事件调度操作序列测试这些事件调度算法的执行时间和计算性能。要求：

   (1) 发现并归纳出需要调整的变量和参数集合；

   (2) 以几种明显不同的时间间隔或事件序列进行算法实验。

2. 以 Queue 模型为例设计和开发一个软件工具，采用可视化方法辅助用户观察 FEL 随仿真时钟的变化情况。

3. 修改 QueueBatch 模型，分析不同平均服务时间对服务台利用率和顾客平均停留时间的影响。

4. 修改 Queue 模型，使其支持多队列多服务台排队系统的仿真模拟，其中服务台数量 n 可以作为系统模型参数，顾客到达时依据当前最短队列选择相应的服务台和队列。

5. 修改 Queuebatch 模型，使其支持多队列多服务台、单队列多服务台排队系统的批量仿真，在相同服务台数量的情况下比较两种服务模式的服务性能。

第4章

基于 RubberDuck 的仿真模型设计

仿真模型本质上是可执行的计算机程序，离散事件仿真模型最终需要通过软件实现才能在计算机上执行，因此离散事件仿真模型的设计和开发需遵循软件设计的基本原则。软件设计开发强调软件代码的可重用性、稳健性和易用性，离散事件仿真模型的软件设计和开发同样需遵循这些基本原则。

4.1 层次化的离散事件仿真模型设计

在离散事件仿真应用开发中，可通过分析仿真模型组成，发现并确定其中可重用代码。将这部分代码封装至仿真软件库，即可实现离散事件仿真应用开发的可重用性。在高质量可重用仿真软件库的支持下，模型开发人员可以将注意力聚焦于仿真模型的应用逻辑，从而提高仿真模型的开发质量和开发效率。

4.1.1 离散事件仿真模型设计的三个层次

第3章给出了基于C++语言的排队系统离散事件仿真模型。该模型主要包含事件数据结构、事件调度算法、仿真时钟表示、随机变量生成、仿真结果统计、排队系统事件处理函数、批量仿真运行等数据结构和软件功能。其中，事件数据结构、事件调度算法、仿真时钟表示、随机变量生成通常都可重用，只有事件处理函数为模型特有功能。虽然仿真结果统计与排队系统状态相关，但其数据统计方法也包含可重用的统计算法。因此可以将上述离散事件仿真模型的可重用软件功能模块进行封装，形成可重用的C++软件支持库。

上述软件功能中，事件调度算法属于仿真模型运行的总控程序，负责推进仿真时钟、调用事件处理函数和控制仿真运行；事件处理函数表达面向不同仿真应用的事件处理逻辑；随机变量样本生成、仿真结果统计则属于公共的算法和功能。

因此，无论采用哪一种仿真算法（离散事件、连续、时间片等），基于通用程序设计语言开发仿真模型一般都可分以下三个层次进行：

- 层次一——总控程序；
- 层次二——基本模型单元的处理程序；
- 层次三——公共子程序。

1. 总控程序

总控程序是仿真模型的最高层。仿真模型总控程序的功能是建立仿真模型的框架和算法，它负责确定下一事件发生时间或最早复活点时间（参见第7章“进程交互法仿真模型设计”），并且推进仿真时钟。总控程序对第二层实施控制，确保在仿真时钟推进后，仿真模型能够完成正确的操作。采用SIMSCRIPT 等仿真语言构建仿真模型时，总控程序已隐含在 SIMSCRIPT 的执行机制中。如果采用C++或 FORTRAN 等通用程序语言设计，就需调用或自己开发仿真模型的总控程序，类似于 QueueBatch 示例中的 Run 函数。

2. 基本模型单元的处理程序

仿真模型的第二层是基本模型单元处理程序。它描述了事件与实体状态之间的影响关系及实体间的相互作用关系，是建模者所关心的主要内容。对应不同的仿真策略或算法，基本模型单元处理程序具有不同的设计模式。在事件调度法中，仿真模型的基本模型单元是事件例程，因此其第二层由一系列事件例程组成；而在进程交互法中，进程又取代了事件例程，其第二层由一系列进程组成。进行仿真程序设计时，事件例程和进程例程被设计成相对独立的程序段，它们的执行及交互受总控程序控制。

3. **公共子程序**

仿真模型的第三层是一组供第二层调用的公共子程序，支持随机变量生成、仿真结果报告生成、数据收集统计等功能。

复杂的仿真系统或仿真平台也遵循上述设计思想，并且通过增加模型组件库、仿真引擎、模型组合开发工具、实验设计、实验结果分析、仿真过程可视化等功能，使用户可以通过模型组合工具重用已有模型组件，从而最大程度降低仿真模型设计开发的复杂性。

需要注意的是，这些仿真系统或仿真平台都是在特定仿真模型框架下定义自身特有的模型组件规范和仿真引擎（总控程序），当应用问题超出了仿真模型框架的支持范围时，模型组件的重用性就会受到很大的限制。在很多大型复杂仿真应用中，应用模型的复杂性已经远远超过仿真运行调度的复杂性，仿真模型框架需要针对应用需求进行定制开发，这要求必须能够基于基本的离散事件仿真原理定义相应的模型组件规范和构建仿真引擎。

在层次化的离散事件仿真模型设计思想指导下，构建离散事件仿真库是支持仿真模型设计开发的有效方法，有助于建模人员专注于模型的逻辑关系而非仿真运行调度。例如，建模者只需关注事件如何产生、如何响应，而无须关注事件调用。为达到这一目标，仿真库的构建需要具有足够的灵活性，以便适用于不同类型系统的模型表示和仿真运行。

4.1.2 离散事件仿真库的基本功能

离散事件仿真库的基本功能模块应当包括：

- **随机数生成**。多数离散事件系统包含随机过程，因此仿真库必须提供随机数的生成模块。随机数生成模块可以将不同随机分布函数整合为一个函数集，从而在仿真运行过程中支持大量的随机变量样本生成。

- **事件表示**。事件是离散事件仿真的基本元素，仿真库需要提供表示各类事件和事件处理的数据结构。

- **运行调度**。运行调度负责安排和调用下一个被执行的模型单元。离散事件模型的执行由事件驱动，因此需要维护一个未来发生事件的事件表。同时，需要依据仿真时钟来度量仿真运行的时间进度，从而确定事件表中在当前仿真时刻应当发生的事件。

- **队列建模**。队列是离散事件系统仿真应用的基本组成部分，它确保当资源被占用时实体能够按顺序组合在一起。因此，有必要提供一种有效的方法来管理队列。特别地，需要提供根据优先权将实体对象插入队列例程。

- **仿真结果收集**。由于离散事件系统中包含随机因素，因此其仿真模型运行产生的结果数据通常具有统计规律，需要在仿真结果收集中予以表征。数据样本一般可以用图形或表格的方式进行记录。

- **仿真结果分析**。收集到的仿真结果需要进行分析才能得到关于真实系统的结论或假设。详细的结果分析一般可以采用专门的数据分析软件完成，但仿真库应当提供基本的仿真结果统计分析功能。

在应用C ++ 、Fortran 等传统语言设计实现离散事件仿真库时，上述功能可通过构建一系列库函数实现。通过调用相应的库函数完成仿真模型需要实现的功能，可大大减少模型开发工作量。仿真库中的功能及相应的库函数也可以根据需求进行扩展。

仿真库应具备以下特征：

- 很多离散事件仿真应用中需要动态创建数据对象，如事件、顾客等，这就要求仿真库具有实时生成动态数据对象的能力；

- 事件处理函数一般根据应用模型设计，表现为函数或子程序，这就要求仿真库具有通过事件参数传递调用子程序或函数的能力；

● 仿真库完成后，一般不需要反复编译和构建，因此可以采用静态库或动态库形式支持应用模型代码的单独构建和编译。

由于在仿真运行时仿真库需支持不同仿真模型的执行，因此前两个特征是必需的。第三个特征为实现模型核心部分的重用提供了一种有效机制。

随着面向对象软件技术的发展，采用C++、Java 等语言可以很容易实现上述特征。RubberDuck 就是基于当前C++标准实现的一个离散事件仿真库。

4.2 RubberDuck 离散事件仿真库

随着仿真技术的发展，涌现很多离散事件仿真库，如 CSim、OMNet++、JDisco 等。由于这些库有些过于古老，有些过于庞大复杂，学习应用时在理解、编译和构建上会面临一些困难。本书借鉴 CSim（DISCRETE EVENT SIMULATION IN C）和 JDISCO 等离散事件仿真库的设计思想，采用新的C++标准实现了一个小规模的、适于教学实践的 RubberDuck 离散事件仿真库。RubberDuck 基于标准的C++模板和面向对象方法设计实现未来事件表、随机变量生成器、仿真引擎和仿真结果收集与统计等对象类，采用 Makefile 实现仿真库和仿真模型的自动编译生成，有利于培养学生设计开发大型复杂仿真系统的软件工程能力。RubberDuck 仿真库的类组成如图 4-1 所示。

1. EventNotice 类

EventNotice 类是各类事件的基类，其纯虚函数 Trigger( )用于支持仿真模型的事件处理。如果定义新的类型，则需要继承 EventNotice 类，并实现函数 trigger( )以响应事件发生、更新系统状态和生成新事件。

2. EventList 类

EventList 类实现与未来事件表相关的操作功能，确保事件按照时间和优先级进行排序。EventList 类的接口函数包括：

（1） insertEvent( )，支持未来事件表的事件插入操作；

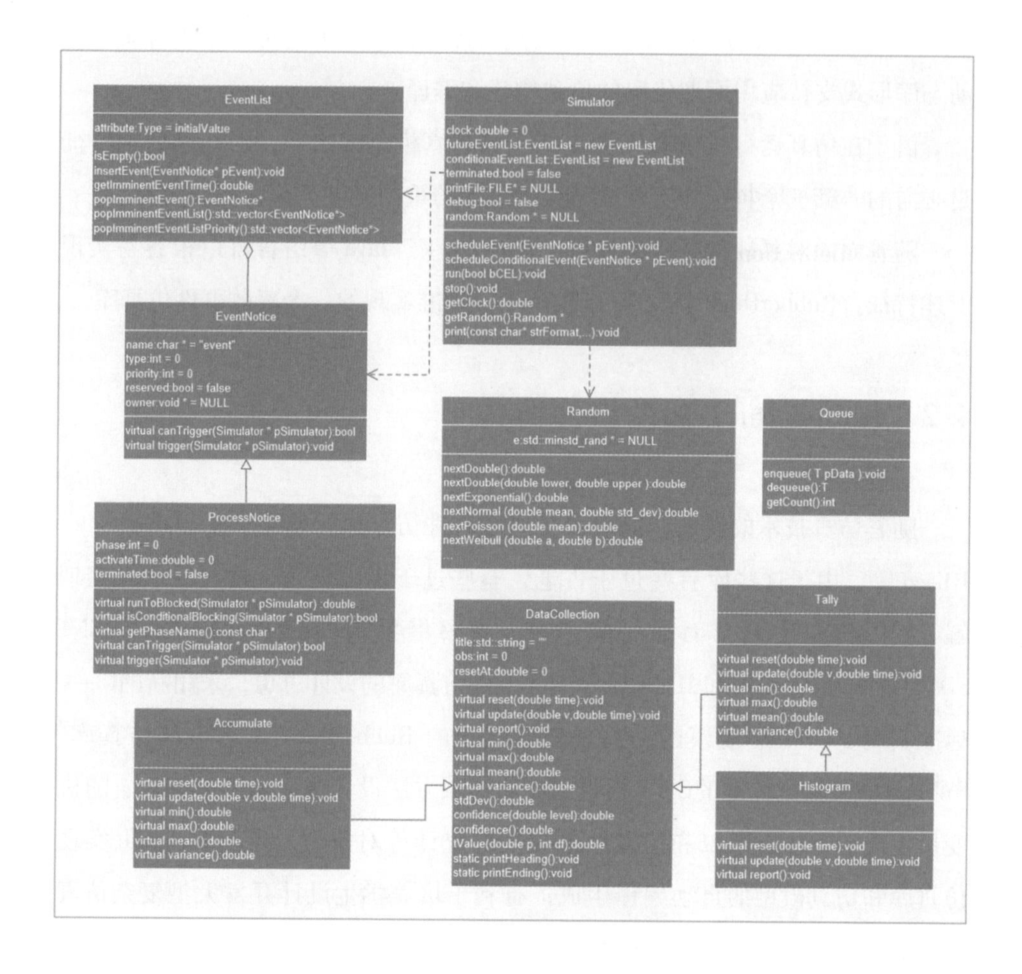

图 4－1　RubberDuck 的类组成

（2）popImminentEvent( )，支持最早事件取出操作；

（3）popImminentEventListPriority( )，用于获取时间相同的事件，这些事件在被响应前可以通过优先级进行排序。

3. Simulator 类

Simulator 类负责仿真时钟推进和事件调度，组成如下：

（1）定义仿真时钟 simClock；

（2）定义 EventList 类未来事件表 futureEventlist；

（3）定义缺省的随机变量样本生成对象 Random；

（4）函数 run( )实现仿真运行调度，仿真时钟 simClock 只能在函数 run( )函数中修改，仿真运行过程中，模型只能通过函数 getClock( )获得仿真时钟；

（5）函数 scheduleEvent( )负责调度新事件，并将该事件插入未来事件表。

4. DataCollection 类

DataCollection 类是仿真结果收集和统计的基类，采用虚拟函数定义统计接口。在此基础上，派生出离散事件仿真中典型的结果统计对象：

（1）Tally 子类，独立于时间的状态统计类，Tally，属于统计样本收集类；

（2）Accumulate 子类，依赖时间的状态统计类，实际上是相关状态变量在时间上的积分；

（3）Histogram 类，派生自 Tally 类，支持统计样本的频率分布和直方图显示。

5. ProcessNotice 类

ProcessNotice 类是在进程交互仿真中需要使用的进程对象类，详细介绍参见第 7 章。

6. Queue 类

Queue 类基于标准C ++ 队列模板重新封装了接口，优先队列可以采用标准C ++ 优先队列模板实现。

7. Random 类

Random 类运用标准C ++ 随机数生成器，支持均匀分布、指数分布、正态分布、韦伯尔分布等多种分布的随机变量生成。Simulator 类内置了缺省的 Random 实例，应用模型可以基于该实例生成不同分布的随机变量样本。

4.3 基于 RubberDuck 的仿真模型开发过程

仿真概念模型设计完成后，可以基于 RubberDuck 库的类表示事件、队列、数据收集、随机变量生成、仿真运行等。下面以单通道排队系统离散事件仿真模型为例，介绍基于 RubberDuck 的仿真模型开发过程。基于事件调度法的 RubberDuck 单通道排队系统仿真模型见 rubber-duck/examples/QueueES/Queue_ES.cpp 文件。

"码"上有代码

1. 库文件引入

为引入 RubberDuck 的相关对象类，需要在这些类的 include 文件或 cpp 文件中包含相关库的头文件。对象类和相关的头文件如表 4－1 所示。

表 4－1 对象类和头文件

对象类	头文件
EventNotice	EventNotice.h
EventList	EventList.h
ProcessNotice	ProcessNotice.h
Queue	Queue.h
Random	Random.h
DataCollection	DataCollection.h
Simulator	Simulator.h

RubberDuck 定义了其命名空间 rubber_duck，需要使用该命名空间才能直接引用相关对象类。Simulator.h 已经包含 EventNotice.h、EventList.h、Random.h，所以在开发模型时仅需包含 Simulator.h 即可。此外，这些头文件已经定义了避免重新载入的宏定义，使得这些头文件被包含多次而不会出现编译错误。

Queue_ES.cpp 文件的包含文件构成如下:

```
#include <stdio.h >
#include "Queue.h"
#include "EventNotice.h"
#include "DataCollection.h"
#include "Simulator.h"
using namespace std;
using namespace rubber_duck;
```

2. 全局变量定义

模型的参数、状态、随机变量生成对象、统计对象和队列等，可以定义为全局变量。仿真引擎对象可以在C ++ 程序主函数中定义，通过 EventNotice 类的函数 trigger( ) 传递给事件处理函数。Queue_ES.cpp 文件的全局变量定义如下:

```
double MeanInterArrivalTime, MeanServiceTime, SIGMA;
long NumberOfCustomers, QueueLength, TotalCustomers, NumberOfDepartures,
LongService;

Tally responseTally( "RESPONSE TIME") ;
Accumulate queueLengthAccum( "QUEUE LENGTH") , busyAccum( "SERVER
UTILIZATION") ;

//实体: Customer, 仅考察到达时间属性
struct Customer{
    int customerID; //属性: CustomerID
    double arrivalTime; //属性: 到达时间
};

//顾客队列
```

```
Queue <Customer * > customers;
//随机变量生成器
Random *  stream;

//事件名称缓冲区
char nameBuffer[128];
//新顾客标识
int CustomerID  = 0;

Customer * CustomerInService  = NULL;
//调度离开事件
void ScheduleDeparture(Simulator  *  pSimulator);
```

相对于 QueueBatch.cpp 文件，这里的全局变量保留了模型参数 MeanInterArrivalTime、MeanServiceTime、SIGMA 和 TotalCustomers，模型状态变量 NumberOfCustomers、QueueLength 和 NumberOfDepartures，以及统计变量 LongService。其他变量包括：

（1） Tally 类对象 responseTally，用于统计计算顾客停留时间。

（2） Accumulate 类对象 queueLengthAccum，用于统计计算队列长度。

（3） Accumulate 类对象 busyAccum，用于统计计算服务台忙闲率。

（4） Random * stream 为随机数生成对象指针。

（5） char nameBuffer[128]，用于事件名称的生成。

3. 事件表示

为表示到达和离开事件，基于 EventNotice 类派生了 DepartureEvent 和 ArrivalEvent 类。这两类事件重载了 trigger 函数。ArrivalEvent 类定义如下：

```
class ArrivalEvent: public EventNotice{
public:
    ArrivalEvent(double time): EventNotice(time) {
    };
```

```
    virtual void trigger( Simulator * pSimulator) {
        Customer * customer = new Customer( ) ;
        CustomerID ++;
        customer ->customerID = CustomerID;
        customer ->arrivalTime = pSimulator ->getClock( ) ;
        customers. enqueue( customer) ;
        QueueLength ++;

        if( CustomerInService = = NULL) {
            ScheduleDeparture( pSimulator) ;
        }

        queueLengthAccum. update( QueueLength, pSimulator ->getClock( ) ) ;
        //其次调度下一 Caller 的到达事件
        double nextArrivalInterval =stream ->nextExponential( ) *
                                     MeanInterArrivalTime;
        ArrivalEvent * pEvent =new ArrivalEvent( pSimulator ->getClock( ) +
                                   nextArrivalInterval) ;
        sprintf( nameBuffer, "顾客%d 到达事件", CustomerID +1) ;
        pEvent ->setName( nameBuffer) ;
        pSimulator ->scheduleEvent( pEvent) ;
    };
}
```

ArrivalEvent 类构造函数的参数为事件发生时间 time，该构造函数将 time 传给 EventNotice 基类。在函数 triger( ) 中，模型逻辑与前面的排队系统仿真模型到达事件处理相同，主要变化包括：

（1）调用队列模板的函数enqueue( )将新到达的顾客插入 customers 队列；

（2）queueLengthAccum 对象调用 Acumulate 类的 update( ) 方法统计当前队列长度；

（3）根据到达时间间隔生成下一个 ArrivalEvent 类事件，通过 nameBuffer 设置一个 ArrivalEvent 类事件的名称，便于事件的打印跟踪；

（4）通过函数 trigger( ) 的 pSimulator 指针，调用 Simulator 类的函数 scheduleEvent( )调度新的到达事件。

DepartureEvent 类定义如下：

```
class DepartureEvent: public EventNotice{
public:
    DepartureEvent( double time) : EventNotice( time) {
    };

    virtual void trigger( Simulator * pSimulator) {
        Customer * finished  = customers. dequeue( ) ;
        double response  = ( pSimulator -> getClock( )  - finished -> arrivalTime) ;
        responseTally. update( response, pSimulator -> getClock( ) ) ;
        if( response  > 4. 0 )  LongService  ++;  // record long service
        NumberOfDepartures  ++;
        delete CustomerInService;
        if( NumberOfDepartures  >= TotalCustomers) {
            pSimulator -> stop( ) ;
        }
        if( QueueLength  > 0) {
            ScheduleDeparture( pSimulator) ;
        } else{
            CustomerInService  = NULL;
            busyAccum. update( 0, pSimulator -> getClock( ) ) ;
        }
        queueLengthAccum. update( QueueLength, pSimulator -> getClock( ) ) ;
    };
}
```

DepartureEvent 类构造函数将事件发生时间 time 赋予 EventNotice 基类。在函数 trigger( )中，模型逻辑与前面排队系统仿真模型离开事件处理相同，主要变化包括：

（1）调用队列模板的函数 dequeue( )获取 customers 队列中的队首顾客；

（2）通过函数 trigger( )的 pSimulator 指针调用 Simulator 的函数 getClock( )，获得当前顾客在系统中的停留时间；

（3）responseTally 对象调用 Tally 类的 update( )方法统计用户停留时间；

（4）如果离开客户数量超过指定的仿真结束客户数量，则通过 pSimulator 指针调用 Simulator 的 stop 函数结束仿真运行；

（5）如果队列中没有顾客，则通过 busyAccum 对象调用 Acumulate 类的 update( )方法统计服务台的忙闲率；

（6）通过 queueLengthAccum 对象调用 Acumulate 类的 update( )方法统计当前队列长度。

函数 ScheduleDeparture( )修改如下：

```
void ScheduleDeparture( Simulator * pSimulator) {
    double serviceTime;
    // get the job at the head of the queue
    while( ( serviceTime = stream ->nextNormal( MeanServiceTime, SIGMA) ) <0) ;
    DepartureEvent * depart = new DepartureEvent( pSimulator ->getClock( ) +
                                            serviceTime) ;
    CustomerInService = customers. front( ) ;
    sprintf( nameBuffer, "顾客%d 离开事件", CustomerInService ->customerID) ;
    depart ->setName( nameBuffer) ;
    pSimulator ->scheduleEvent( depart) ;
    QueueLength --;
    busyAccum. update( 1, pSimulator ->getClock( ) ) ;
}
```

函数 ScheduleDeparture( ) 的参数为 Simulator 类指针 pSimulator。ScheduleDeparture 函数计算过程包括:

(1) pSimulator 指针可以获取仿真时钟加上服务时间，生成离开事件对象 depart;

(2) 调用队列函数 front ( ) 将队首顾客取出作为当前服务顾客 CustomerInService;

(3) 根据 pSimulator 的仿真时钟设置当前顾客的开始服务时间 CustomerInService -> StartServiceTime;

(4) 设置离开事件对象 depart 的事件名称，并调用 pSimulator 的函数 scheduleEvent( )调度离开事件;

(5) 通过 busyAccum 对象调用 Acumulate 类的 update( )方法统计服务台的忙闲率。

4. 模型初始化

初始化函数 Initialization( )如下:

```
void Initialization( Simulator * pSimulator) {
    QueueLength = 0;
    CustomerInService = NULL;
    NumberOfDepartures = 0;
    LongService = 0;
    ArrivalEvent * pEvent = new ArrivalEvent( pSimulator -> getClock( ) +
                              stream -> nextExponential( ) * MeanInterArrivalTime) ;
    sprintf( nameBuffer, "顾客%d 到达事件", CustomerID + 1) ;
    pEvent -> setName( nameBuffer) ;
    pSimulator -> scheduleEvent( pEvent) ;
}
```

函数 Initialization( )的参数为 Simulator 类指针 pSimulator，主要包括以下

过程：

（1）初始化模型状态；

（2）根据到达时间间隔生成下一个 ArrivalEvent 事件；

（3）通过 pSimulator 指针调用 Simulator 类的函数 scheduleEvent( )调度第一个到达事件。

5. 仿真结果打印

仿真结果打印函数 ReportGeneration( )如下：

```
void ReportGeneration( Simulator * pSimulator) {
    double PC4 = ( ( double) LongService) /TotalCustomers;
    pSimulator ->print( "SINGLE SERVER QUEUE SIMULATION –GROCERY
                    STORE CHECKOUT COUNTER \ n") ;
    pSimulator ->print( "\ tMEAN INTERARRIVAL TIME %f \ n",
                    MeanInterArrivalTime) ;
    pSimulator ->print( "\ tMEAN SERVICE TIME %f \ n", MeanServiceTime ) ;
    pSimulator ->print( "\ tSTANDARD DEVIATION OF SERVICE TIMES %f \ n",
                    SIGMA ) ;
    pSimulator ->print( "\ tNUMBER OF CUSTOMERS SERVED %d \ n",
                    TotalCustomers ) ;
    pSimulator ->print( "\ n") ;
    pSimulator ->print( "\ tPROPORTION WHO SPEND FOUR \ n") ;
    pSimulator ->print( "\ t MINUTES OR MORE IN SYSTEM %f \ n", PC4 ) ;
    pSimulator ->print( "\ tSIMULATION RUNLENGTH %f MINUTES \ n",
                    pSimulator ->getClock( ) ) ;
    pSimulator ->print( "\ tNUMBER OF DEPARTURES %d \ n", TotalCustomers ) ;
    DataCollection: : printHeading( ) ;
    responseTally. report( ) ;
    queueLengthAccum. report( ) ;
    busyAccum. report( ) ;
```

```
    DataCollection::printEnding();
}
```

除了按照前面类似的方式打印模型参数和超时顾客数量，还可调用 DataCollection::report()打印其他输出。如果有多个 DataCollection 类型的统计对象打印输出结果，最好调用 DataCollection::printHeading()和 DataCollection::printEnding()打印报告的表头和表尾，这样可以使打印效果更加美观。

6. 仿真运行

仿真运行仍然在主程序中完成，主程序 main()如下：

```
int main(int argc, char * argv[]){
    MeanInterArrivalTime = 4.5; MeanServiceTime = 3.2;
    SIGMA = 0.6; TotalCustomers = 100;

    stream = new Random(12345678);
    Simulator * pSimulator = new Simulator(12345678,"Queue_ES.txt");
    pSimulator ->setDebug();
    Initialization(pSimulator);
    pSimulator ->run();
    ReportGeneration(pSimulator);
    return 0;
}
```

main()主要包含以下过程：

（1）初始化模型参数。

（2）新建 Random 对象，Random 对象的构造函数参数为种子值。

（3）新建 Simulator 类对象。Simulator 类对象构造函数的参数为其内部 Random 对象的种子值以及仿真运行跟踪打印文件名称。该文件为文本输出文件，如果确定了仿真运行跟踪打印文件名称，则调用 Simulator::print()将输出打印到该文件中。

（4）调用 Simulator::setDebug()，可以打印相应的事件调度过程。

（5）调用 Initialization()，初始化模型状态和调度初始事件。

（6）调用 Simulator::run()，运行仿真，其参数为仿真运行结束时间和同时发生事件优先级排序调度标识。如果没有给出参数，则不设置仿真运行结束时间，不按照优先级排序调度时间相同的事件。

（7）仿真运行完成后，调用 ReportGeneration()打印仿真结果。

图4－2中给出了该模型的打印输出结果。

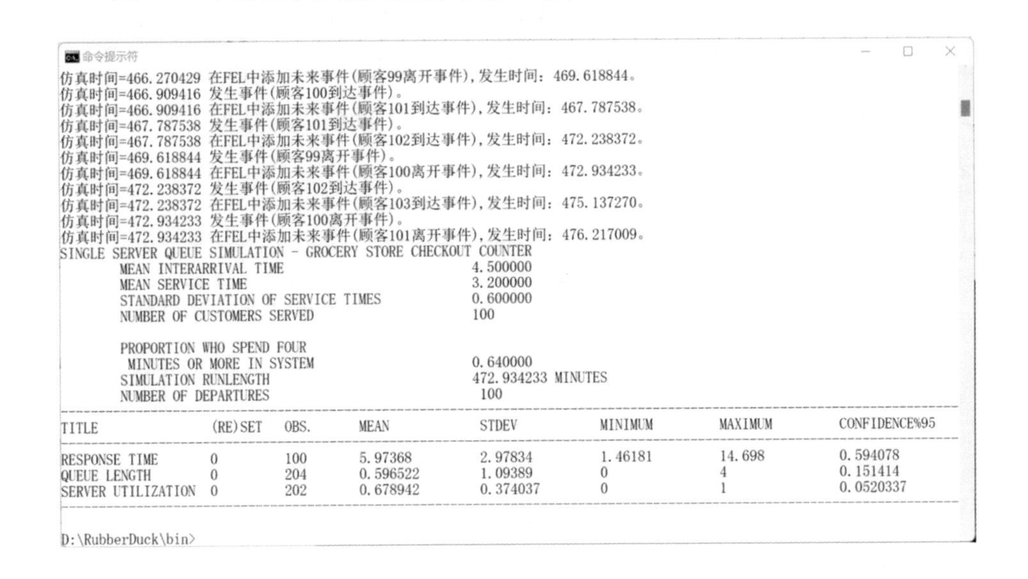

图4－2　QueueES 仿真运行输出

为进一步说明 RubberDuck 的应用过程，下面以《离散事件系统仿真（原书第5版）》（Jerry Banks 等著，机械工业出版社，2019）中的 Able-Baker 呼叫中心为例，介绍基于 RubberDuck 的离散事件仿真模型开发过程。

4.4 Able-Baker 呼叫中心仿真模型

4.4.1 Able-Baker 呼叫中心

《离散事件系统仿真（原书第5版）》中的呼叫中心系统为一个计算机技术服务中心，由两个员工（Able 和 Baker）提供呼叫服务支持，属于双服务台单队列系统。假设电话呼叫到达时间间隔和服务时间属于随机变量，其中到达时间间隔服从分布见表4－2，服务时间服从不同的随机分布（如表4－3、表4－4）。

表4－2　到达时间间隔离散分布

到达时间间隔	发生概率
1	0.25
2	0.40
3	0.20
4	0.15

表4－3　Able 的服务时间离散分布

服务时间	发生概率
2	0.30
3	0.28
4	0.25
5	0.17

表 4－4 Baker 的服务时间离散分布

服务时间	发生概率
3	0.35
4	0.25
5	0.20
6	0.20

显然 Able 的服务效率要高于 Baker。这里假设：如果当前发生电话服务请求且两人都空闲，则由 Able 进行服务。该仿真的目标是验证当前工作安排的合理性。仿真运行直到 100 个电话服务结束为止。

4.4.2 离散事件系统模型

根据第 2 章 2.5 节内容，建立 Able－Baker 离散事件仿真模型。

1. 系统输入与输出

该呼叫中心输入为到达的呼叫电话，输出为服务结束后完成的呼叫电话。

2. 系统离散状态抽象

根据排队模型分析，系统状态包括队列长度与服务台状态，由于服务规则的变化，这里的服务台状态分别由 Able 和 Baker 的“忙”“闲”状态表示。

3. 系统事件抽象

这里的事件仍然由“到达事件”和“服务结束事件”构成。由于需要单独考虑 Able 和 Baker 的服务状态，需要将服务结束事件表示为两类：“Able 服务结束事件”和“Baker 服务结束事件”。因此在上述状态约束下，呼叫中心模型中的事件分为三类事件：

（1）呼叫到达事件；

（2）Able 服务结束事件；

（3）Baker 服务结束事件。

4. 事件影响分析

图 4－3、图 4－4 和图 4－5 中分别给出了“到达事件”“Able 服务结束事件”和“Baker 服务结束事件”发生时的系统状态变化和事件生成逻辑。

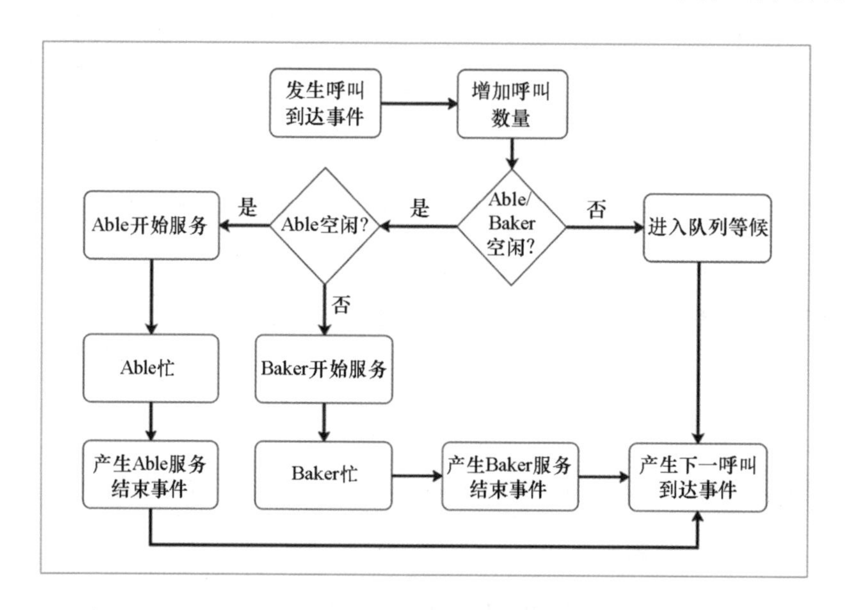

图 4－3　到达事件处理逻辑

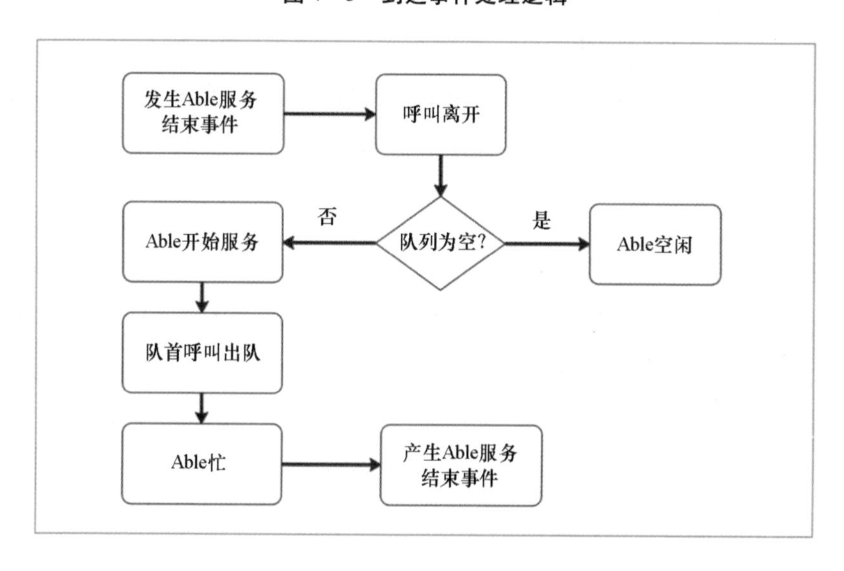

图 4－4　Able 服务结束事件处理逻辑

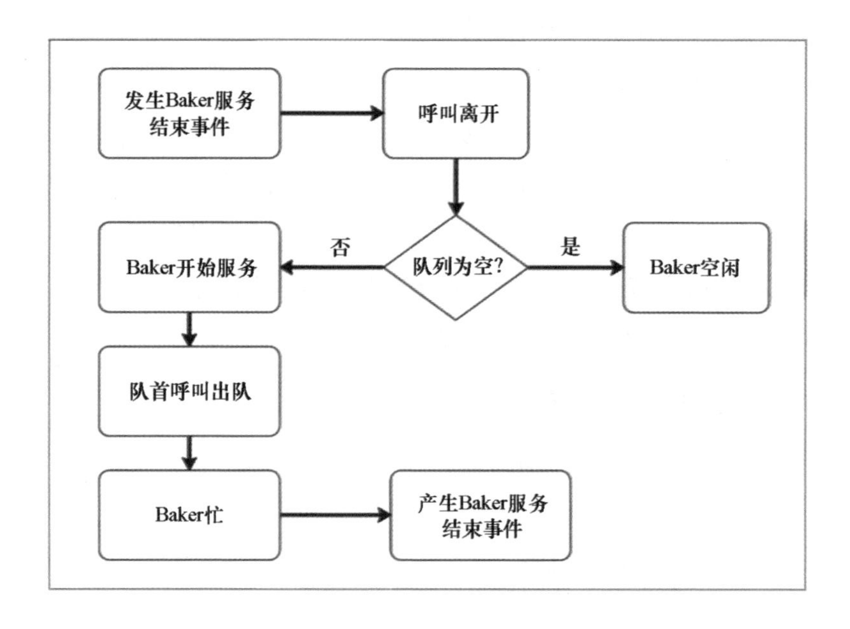

图 4-5　Baker 服务结束事件处理逻辑

当呼叫到达事件发生时，呼叫电话进入系统，系统中的呼叫电话数量加 1。如果 Able 和 Baker 都空闲，按照服务规则，则 Able 立刻开始服务，Able 由闲变忙；如果 Able 忙，Baker 空闲，则 Baker 立刻开始服务；如果 Able 和 Baker 都忙，则该呼叫电话进入队列等待。在该过程中将会产生两个事件："到达事件"和"Able 服务结束事件"或"Baker 服务结束事件"。这里可以根据呼叫电话到达时间间隔样本产生下一呼叫到达事件并将其放入未来事件集合。此外，Able 或 Baker 开始为呼叫提供服务后，可以根据 Able 或 Baker 的服务时间样本确定服务结束时间，该时间即为服务结束事件的发生时间，需将该结束事件放入未来事件集合。

当"Able 服务结束事件"发生时，如果队列中有一个或多个呼叫电话在等待，则队首呼叫电话开始接受服务，Able 转为忙；当 Able 服务结束事件发生时，呼叫电话队列长度减 1；如果队列中没有呼叫电话等待，则 Able 转为空闲。在该过程中，可能会产生"Able 服务结束事件"，如果队列中有呼叫电话，可以根据 Able 对该呼叫电话的服务时间样本确定该呼叫电话的服务结束时间，并将该结束事件放入未来事件集合。

当“Baker 服务结束事件”发生时，如果有一个或多个呼叫电话在队列中等待，则队首呼叫电话开始接受服务，Baker 转为忙；当 Baker 服务结束事件发生时，呼叫电话队列长度减 1；如果没有呼叫电话在队列中等待，则 Baker 转为空闲。在该过程中，可能会产生“Baker 服务结束事件”，如果队列中有呼叫电话，可根据 Baker 对该呼叫的服务时间样本确定该呼叫电话的服务结束时间，并将该结束事件放入未来事件集合。

5. 初始状态和初始事件

假定初始状态和初始事件如下：

（1）服务台空闲；

（2）队列中没有呼叫电话；

（3）初始事件为第一个呼叫到达事件。

6. 系统模型参数

系统模型参数为呼叫到达时间间隔和呼叫服务时间的随机分布，参见问题描述中给出的离散随机分布。此外，100 个呼叫服务结束条件也可以作为控制仿真结束的模型参数。

7. 仿真结果输出

仿真结果输出仍然采用排队系统的性能指标，输出结果包括最大队列长度、平均队列长度、Able 和 Baker 的忙闲率等。

4.4.3 RubberDuck 仿真模型

基于 RubberDuck 的呼叫中心仿真模型见 rubber-duck/examples/AbleBaker_ES/AbleBaker_ES.cpp 文件。

1. 全局变量定义

AbleBaker_ES.cpp 中全局变量定义如下：

```
//输入
const int ArrivalInterval[ ] = {1,2,3,4};
const double ArrivalIntervalProb[ ] = {0. 25,0. 40,0. 20,0. 15};
const int AbleServiceTime[ ] = {2,3,4,5};
const double AbleServiceTimeProb[ ] = {0. 30,0. 28,0. 25,0. 17};
const int BakerServiceTime[ ] = {3,4,5,6};
const double BakerServiceTimeProb[ ] = {0. 35,0. 25,0. 20,0. 20};

CDFDiscreteTable * pArrivalIntervalCDF = makeDiscreteCDFTable(4, ArrivalInterval,
                                         ArrivalIntervalProb);
CDFDiscreteTable * pAbleServiceTimeCDF = makeDiscreteCDFTable
                                         (4, AbleServiceTime,
                                         AbleServiceTimeProb);
CDFDiscreteTable * pBakerServiceTimeCDF = makeDiscreteCDFTable
                                          (4, BakerServiceTime,
                                          BakerServiceTimeProb);

//统计量
int TotalCallerEntered = 0; //已经进入系统的 Caller 数
int TotalCallerDeparted = 0; //已经完成服务离开的 Caller 数
int LongServiceCount = 0; //等待时间超过 4 分钟的顾客数

Tally timeInSystemTally("TIME IN SYSTEM");
Accumulate queueLengthAccum("QUEUE LENGTH"), ableBusyAccum("ABLE
                    UTILIZATION"), bakerBusyAccum("BAKER
                    UTILIZATION");

//实体: Caller, 仅考察到达时间属性
struct Caller{
        int callerID; //属性: Caller ID
        double arrivalTime; //属性: 到达时间
```

```
};
//实体集合
Queue <Caller * > CallerQueue;//正在排队的 Caller 队列, 按到达时间排序

//状态变量
Caller * AbleCaller = NULL; //Able 是否正在服务: NULL 表示空闲, 即 LS_A(t)
                              = =0, 否则指向正在服务的 Caller 实体指针
Caller * BakerCaller = NULL; //Baker 是否正在服务: NULL 表示空闲, 即 LS_B(t)
                              = =0, 否则指向正在服务的 Caller 实体指针

//事件名称缓冲区
char nameBuffer[128];
```

所定义的全局变量主要包括：

(1) 呼叫到达时间间隔和呼叫服务时间的离散随机分布参数变量，包括 ArrivalInterval、ArrivalIntervalProb、AbleServiceTime、AbleServiceTimeProb、BakerServiceTime 和 BakerServiceTimeProb；

(2) 进入呼叫中心的呼叫数量变量 TotalCallerEntered 和离开数量变量 TotalCallerDeparted；

(3) 服务时间超过 4 分钟的呼叫数量 LongServiceCount；

(4) 顾客停留时间变量 timeInSystem，队列长度变量 queueLengthAccum，Able 和 Baker 服务台忙闲率变量 ableBusyAccum 和 bakerBusyAccum；

(5) Caller 结构用于定义单个呼叫实体对象，包含呼叫 ID 和到达时间属性；

(6) 呼叫等待队列变量 CallerQueue；

(7) 当前 Able 和 Baker 正在服务的呼叫电话指针变量 AbleCaller 和 BakerCaller，它们如果为 NULL，则表示 Able 或 Baker 空闲；

(8) 字符串变量 nameBuffer，用于存储事件名称。

2. 事件表示

为表示“呼叫电话到达”和“Able 和 Baker 服务结束”事件，基于

EventNotice 类派生了 AbleCompleteEvent 类、BakerCompleteEvent 类和 ArrivalEvent 类。这三类重载了函数 trigger()，定义了各自的事件处理过程。

- ArrivalEvent 类定义如下：

```
class ArrivalEvent: public EventNotice{
public:
    ArrivalEvent( double time) : EventNotice( time) {
    };

    virtual void trigger( Simulator * pSimulator) {
        //首先创建 Caller 自己
        Caller * pCurrentCaller = new Caller( ) ;
        pCurrentCaller ->callerID = ++TotalCallerEntered;
        pCurrentCaller ->arrivalTime = pSimulator ->getClock( ) ;
        pSimulator ->print( "CLOCK = %3d: \ tCaller %3d 到达 \ n", ( int)
                            pSimulator ->getClock( ) , pCurrentCaller ->callerID) ;

        //其次调度下一 Caller 的到达事件
        const int nextArrivalInterval = pSimulator ->getRandom( ) ->
                                        nextDiscrete( pArrivalIntervalCDF) ;
        ArrivalEvent * pEvent = new ArrivalEvent( pSimulator ->getClock( ) +
                                    nextArrivalInterval) ;
        sprintf( nameBuffer, "顾客%d 到达事件", TotalCallerEntered + 1) ;
        pEvent ->setName( nameBuffer) ;
        pSimulator ->scheduleEvent( pEvent) ;

        //如果 Able 空闲, 接受 Able 的服务
        if( AbleCaller = = NULL) {
            //当前 Caller 占用 Able
            AbleCaller = pCurrentCaller;
            ableBusyAccum. update( 1, pSimulator ->getClock( ) ) ;
```

```
        //调度其服务完成事件
        const int serviceTime = pSimulator ->getRandom() ->nextDiscrete
                                (pAbleServiceTimeCDF);
        AbleCompleteEvent * pEvent = new AbleCompleteEvent(pSimulator ->
                                getClock() + serviceTime);
        sprintf(nameBuffer, "Able 服务顾客%d 完成事件", AbleCaller ->
            callerID);
        pEvent ->setName(nameBuffer);
        pSimulator ->scheduleEvent(pEvent);

        pSimulator ->print("CLOCK = %3d: \ tAble 开始为 Caller%3d 提供服
                    务,结束时刻为%g \ n", (int) pSimulator ->
                    getClock(), AbleCaller ->callerID, pEvent ->
                    getTime());
    }
    //否则,如果 Baker 空闲,接受 Baker 的服务
    else if(BakerCaller == NULL)
    {
        //更新当前接受服务的 Call
        BakerCaller = pCurrentCaller;
        bakerBusyAccum. update(1, pSimulator ->getClock());
        //调度其服务完成事件
        const int serviceTime = pSimulator - >getRandom() - >
                                nextDiscrete(pBakerServiceTimeCDF);
        BakerCompleteEvent * pEvent = new BakerCompleteEvent
                                (pSimulator ->getClock +
                                serviceTime);
        sprintf(nameBuffer, "Baker 服务顾客%d 完成事件", BakerCaller ->
            callerID);
```

```
            pEvent ->setName(nameBuffer);
            pSimulator ->scheduleEvent(pEvent);

            pSimulator ->print("CLOCK = %3d: \ tBaker 开始为 Caller %3d 提
                              供服务,结束时刻为%g \ n", (int) pSimulator ->
                              getClock(), BakerCaller ->callerID, pEvent ->
                              getTime());
        }
        else//Able 和 Baker 都没空,进入队列
        {
            pSimulator ->print("CLOCK = %3d: \ tCaller %3d 进入队列 \ n", (int)
                              pSimulat or  ->getClock(), pCurrentCaller ->
                              callerID);
            CallerQueue. enqueue(pCurrentCaller);
        }
        queueLengthAccum. update(CallerQueue. getCount(), pSimulator ->
                                 getClock());
    };
}
```

ArrivalEvent 类构造函数的参数为事件发生时间 time，该构造函数将 time 传给 EventNotice 基类。根据4.4.2 节所述的到达事件处理逻辑，函数 trigger( )包含以下计算过程：

（1）生成到达的 Caller 类对象，确定该对象标识并通过函数 trigger( )的 pSimulator 指针调用 Simulator 类的函数 getClock( )确定到达时间；

（2）通过 pSimulator 指针的缺省随机变量生成器 nextDiscrete( )生成服从离散分布的到达时间间隔，产生下一个 ArrivalEvent 事件，使用 nameBuffer 定义 ArrivalEvent 事件名称，通过 pSimulator 指针调用 Simulator 类的函数 scheduleEvent 调度新到达事件；

（3）按照呼叫中心的服务规则，根据 AbleCaller 是否为 NULL（Able 空闲）判断是否由 Able 或 Baker 为新到达的呼叫电话提供服务；

（4）如果 Able 空闲，则将到达顾客赋值给 AbleCaller，更新 ableBusyAccum 值对 Able 忙闲状态进行统计，通过 pSimulator 指针的缺省随机变量生成器 nextDiscrete( ) 生成服从离散分布的 Able 服务时间，生成 AbleCompleteEvent 事件，通过 nameBuffer 命名 AbleCompleteEvent 事件，通过 pSimulator 指针调用 Simulator 类的函数 scheduleEvent( )，调度新 AbleCompleteEvent 事件；

（5）如果 Able 忙，Baker 空闲，则将到达顾客赋值给 BakerCaller，更新 bakerBusyAccum 值对 Baker 忙闲状态进行统计，通过 pSimulator 指针的缺省随机变量生成器 nextDiscrete( ) 生成服从离散分布的 Baker 服务时间，生成 BakerCompleteEvent 事件，通过 nameBuffer 命名 BakerCompleteEvent 事件，通过 pSimulator 指针调用 Simulator 类的函数 scheduleEvent( ) 调度新的 BakerCompleteEvent 事件；

（6）通过 queueLengthAccum 对象调用 Acumulate 类的函数 update( )，统计当前队列长度。

● AbleCompleteEvent 类定义如下：

```
class AbleCompleteEvent: public EventNotice{
public:
    AbleCompleteEvent( double time) : EventNotice( time) {
    };

    virtual voidt rigger( Simulator * pSimulator) {
        //离开时刻数据采集
        const double timeInSystem = pSimulator ->getClock( ) –AbleCaller ->
                                    arrivalTime; // Caller 的停留时间
        if( timeInSystem > 4) LongServiceCount ++; //长时顾客
        timeInSystemTally. update( timeInSystem, pSimulator ->getClock( ) );
```

```
//更新总停留时间
TotalCallerDeparted ++;//离开 Caller 数增加

pSimulator ->print("CLOCK = %3d: \ tAbleComplete, Caller %d,
                  停留时间: %g \ n", (int) pSimulator ->getClock(),
                  AbleCaller ->callerID, timeInSystem);

//顾客离开系统
delete AbleCaller;

//如果队列还有 Caller, 为其服务
if( CallerQueue. getCount() >0)
{
    AbleCaller = CallerQueue. dequeue();
    queueLengthAccum. update( CallerQueue. getCount(), pSimulator ->
                            getClock());
    //计算其服务时间
    const int serviceTime = pSimulator ->getRandom() ->nextDiscrete
                          ( pAbleServiceTimeCDF);

    //调度其服务完成事件
    AbleCompleteEvent * pEvent = new AbleCompleteEvent
                                ( pSimulator ->getClock() +
                                serviceTime);
    sprintf( nameBuffer, "Able 服务顾客%d 完成事件", AbleCaller ->
         callerID);
    pEvent ->setName( nameBuffer);
    pSimulator ->scheduleEvent( pEvent);
    pSimulator ->print("CLOCK = %3d: \ tAble 开始为 Caller %d 提供服
                务, 结束时刻为%g \ n", (int) pSimulator ->
                getClock(), AbleCaller ->callerID, pEvent ->
```

```
                                getTime());
            }
            else//队列为空,Able 空闲
            {
                AbleCaller = NULL;
                ableBusyAccum.update(0, pSimulator ->getClock());
            }

            if(TotalCallerDeparted > 100){
                pSimulator ->stop();
            }
        };
    }
```

AbleCompleteEvent 类构造函数的参数为事件发生时间 time，该构造函数将 time 传给 EventNotice 基类。根据 4.4.2 节所述的 Able 服务结束事件处理逻辑，函数 trigger( )包含以下计算过程：

（1）通过 trigger( )的 pSimulator 指针调用 Simulator 类的函数 getClock( )，以获得当前顾客在系统中的停留时间 TimeInSystem；如果属于超时呼叫，则 LongServiceCount 加 1，通过 timeInSystemTally 对象调用 Tally 类的 update( )统计用户停留时间；统计呼叫服务结束数量并从队列中删除当前呼叫对象 AbleCaller。

（2）如果等待呼叫队列 CallerQueue 中存在等待呼叫，则调用队列函数 dequeue( )将队首顾客取出作为当前 Able 服务对象 AbleCaller；通过 queueLengthAccum 对象调用 Acumulate 类的 update( )统计当前队列长度；通过 pSimulator 指针调用 Simulator 类 getRandom( )，得到随机变量生成器，通过调用其函数 nextDiscrete( )生成服从离散分布的 Able 服务时间，并产生下一个 AbleCompleteEvent 事件；使用 nameBuffer 存储 AbleCompleteEvent 事件名称，通过 pSimulator 指针调用 Simulator 类的函数 scheduleEvent( )调度新的

AbleCompleteEvent 事件。

(3) 如果队列中没有顾客，则 AbleCaller 为空，通过 ableBusyAccum 对象调用 Acumulate 类函数 update( )统计 Able 的忙闲率。

(4) 如果服务结束呼叫数量超过指定的仿真结束数量，则通过 pSimulator 指针调用 Simulator 类的函数 stop( )结束仿真运行。

● **BakerCompleteEvent 类修改如下：**

```
class BakerCompleteEvent: public EventNotice{
public:
    BakerCompleteEvent( double time) : EventNotice( time) {
    };

    virtual void trigger( Simulator * pSimulator) {
        //离开时刻数据采集
        const double timeInSystem = pSimulator ->getClock( ) - BakerCaller
                                        ->arrivalTime; // Caller 的停留时间
        if( timeInSystem > 4) LongServiceCount ++; //长时顾客
        timeInSystemTally. update( timeInSystem, pSimulator ->getClock( ) );
        //更新总停留时间
        TotalCallerDeparted ++; //离开 Caller 数增加
        pSimulator ->print( "CLOCK = %3d: \ tBakerComplete, Caller%d,
                        停留时间: %g \ n", ( int) pSimulator -> getClock( ),
                        BakerCaller ->callerID, timeInSystem) ;

        //顾客离开系统
        delete BakerCaller;

        //如果队列还有 Caller, 为其服务
        if( CallerQueue. getCount( ) > 0) {
            BakerCaller = CallerQueue. dequeue( ) ;
            queueLengthAccum. update( CallerQueue. getCount( ) , pSimulator ->
```

```
                                        getClock());
            //计算其服务时间
            const int serviceTime = pSimulator->getRandom()->nextDiscrete
                                    (pBakerServiceTimeCDF);

            //调度其服务完成事件
            BakerCompleteEvent * pEvent = new BakerCompleteEvent
                                          (pSimulator->getClock() +
                                          serviceTime);
            sprintf(nameBuffer, "Baker 服务顾客%d 完成事件",
                    BakerCaller->callerID);
            pEvent->setName(nameBuffer);
            pSimulator->scheduleEvent(pEvent);

            pSimulator->print("CLOCK = %3d: \tBaker 开始为 Caller %3d 提供
                              服务, 结束时刻为%g\n", (int) pSimulator->
                              getClock(), BakerCaller->callerID,
                              pEvent->getTime());
        }
        else//队列为空, Baker 空闲
        {
            BakerCaller = NULL;
            bakerBusyAccum.update(0, pSimulator->getClock());
        }

        if(TotalCallerDeparted > 100){
            pSimulator->stop();
        }
    };
}
```

BakerCompleteEvent 类构造函数的参数为事件发生时间 time，该构造函数

将 time 传给 EventNotice 基类构造函数。根据 4.4.2 节所述的 Baker 服务结束事件处理逻辑，函数 trigger( )包含以下计算过程：

（1）通过函数 trigger( )输入参数 pSimulator 指针，调用 Simulator 的函数 getClock( )，获得当前顾客在系统中的停留时间 TimeInSystem；如果属于超时呼叫，则 LongServiceCount 加 1；通过 timeInSystemTally 对象调用 Tally 类的函数 update( )，统计用户停留时间，统计呼叫服务结束数量并删除当前呼叫对象 BakerCaller。

（2）如果等待呼叫队列 CallerQueue 中存在等待呼叫，则调用队列函数 dequeue( )将队首顾客取出作为当前 Baker 服务对象 BakerCaller；通过 queueLengthAccum 对象调用 Acumulate 类的函数 update( )统计当前队列长度；通过 pSimulator 指针调用 Simulator 类的 getRandom( )，得到随机变量生成器，通过调用其函数 nextDiscrete( )生成服从离散分布的 Baker 服务时间，并产生下一个 BakerCompleteEvent 事件；使用 nameBuffer 存储 BakerCompleteEvent 事件名称，通过 pSimulator 指针调用 Simulator 类的函数 scheduleEvent( )调度新的 BakerCompleteEvent 事件。

（3）如果队列中没有顾客，则 BakerCaller 为空，通过 bakerBusyAccum 对象调用 Acumulate 类函数 update( )统计 Baker 的忙闲率；

（4）如果服务结束呼叫数量超过指定的仿真结束数量，则通过 pSimulator 指针调用 Simulator 类的函数 stop( )结束仿真运行。

3. 模型初始化

初始化函数 Initialization( )如下。

```
void Initialization( Simulator * pSimulator) {
    ableBusyAccum. update(0, pSimulator ->getClock( ) );
    bakerBusyAccum. update(0, pSimulator ->getClock( ) );
    queueLengthAccum. update(0, pSimulator ->getClock( ) );
    //第一个 Caller 到达事件
    ArrivalEvent * pEvent = new ArrivalEvent( pSimulator ->getClock( ) +
```

```
                                    pSimulator ->getRandom() ->nextDiscrete
                                    (pArrivalIntervalCDF));
        sprintf(nameBuffer, "顾客%d 到达事件", TotalCallerEntered + 1);
        pEvent ->setName(nameBuffer);
        printf("T = %f", pEvent ->getTime());
        pSimulator ->scheduleEvent(pEvent);
    }
```

函数 Initialization()的参数为 Simulator 类指针 pSimulator，通过 pSimulator 指针初始化 Accumulate 统计变量 ableBusyAccum、bakerBusyAccum 和 queueLengthAccum；根据到达时间间隔离散分布生成下一个到达事件 ArrivalEvent；通过 pSimulator 指针调用 Simulator 类的函数 scheduleEvent()调度第一个到达事件。

4. 仿真结果打印

仿真结果打印函数 PrintReport()如下。

```
void PrintReport(Simulator * pSimulator) {
    const double PC4 = ((double) LongServiceCount) /TotalCallerDeparted;

    pSimulator ->print( "Able/Baker 技术服务中心仿真 - 事件调度法\n");
    pSimulator ->print( "\t 仿真时长(分钟) %f\n", pSimulator ->getClock());
    pSimulator ->print( "\t 总进入系统 Caller 数 %d\n", TotalCallerEntered );
    pSimulator ->print( "\t 已完成 Caller 数 %d\n", TotalCallerDeparted );
    pSimulator ->print( "\t 最大队长 %d\n", queueLengthAccum.max());
    pSimulator ->print( "\t 平均停留时间(分钟) %f\n", timeInSystemTally.mean());
    pSimulator ->print( "\t 停留超过 4 分钟顾客比例 %f\n", PC4 );

    DataCollection::printHeading();
    timeInSystemTally.report();
    queueLengthAccum.report();
```

```
    ableBusyAccum. report( );
    bakerBusyAccum. report( );
    DataCollection: : printEnding( );
}
```

除了按照前面类似的方式打印仿真时钟、进入系统的呼叫数量、离开系统的呼叫数量、最大队列长度、呼叫平均停留时间和超时呼叫数量，其他打印采用 DataCollection 类的函数 report( )进行输出。

5. 仿真运行

在主程序函数 main( )中完成，函数 main( )如下。

```
int main( int argc, char * argv[ ] ) {
    Simulator * pSimulator = new Simulator( 12345678, "ablebaker_es. txt") ;
    Initialization( pSimulator) ;
    pSimulator ->setDebug( ) ;
    pSimulator ->run( ) ;
    PrintReport( pSimulator) ;
    return 0;
}
```

主程序 main( )主要包含以下过程:

(1) 新建 Simulator 类对象，Simulator 类构造函数的参数为内置 Random 类对象种子值和仿真运行跟踪文件名称 ablebaker_es. txt;

(2) 调用函数 Initialization( )初始化模型状态并调度初始事件;

(3) 调用Simulator类函数setDebug( )，跟踪打印相应的事件调度过程;

(4) 调用 Simulator 类的函数 run( )，执行仿真运行;

(5) 仿真运行结束后，调用 PrintReport 打印仿真结果。

图 4 -6 给出了该模型的打印输出结果。

通过观察上述 100 个呼叫服务的仿真结果可以发现，Baker 的利用率超过

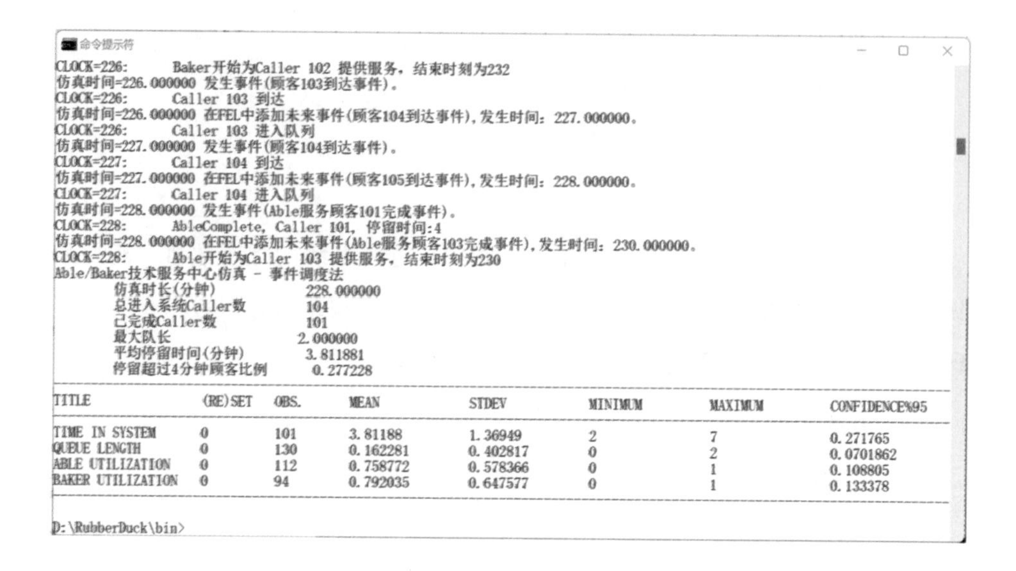

TITLE	(RE)SET	OBS.	MEAN	STDEV	MINIMUM	MAXIMUM	CONFIDENCE%95
TIME IN SYSTEM	0	101	3.81188	1.36949	2	7	0.271765
QUEUE LENGTH	0	130	0.162281	0.402817	0	2	0.0701862
ABLE UTILIZATION	0	112	0.758772	0.578366	0	1	0.108805
BAKER UTILIZATION	0	94	0.792035	0.647577	0	1	0.133378

图 4-6　AbleBaker 模型的运行输出

Able，但 Able 服务的样本次数超过 Baker，说明 Able 具有更高的服务效率。

4.5　小结

通过上述基于 RubberDuck 的仿真示例可以发现，采用 RubberDuck 可以大大减少仿真运行调度、事件管理、运行跟踪、随机变量生成、仿真结果统计等方面的开发工作量，使得开发人员可以将精力集中于模型状态和事件逻辑的仿真模型设计。随着模型规模和复杂性的增长，这种优势将会更加明显。

练习

1. 修改 QueueES 模型，统计用户在系统中的停留时间，输出报告和直方图。
2. 修改 QueueES 模型，支持 100 次的批量仿真，统计 100 次运行中的最大队列长度，并用直方图显示其分布情况。
3. 第 4.4.3 节中的 Baker 服务结束事件是否需要考虑 Able 优先级问题？会对

模型产生何种影响?

4. 第4.4.3节中的呼叫中心模型调用 dequeue，而 QueueES 模型调用 front( )，在模型计算上两者有何不同? 是否会影响仿真逻辑的正确性?
5. 修改第4.4.3节中的呼叫中心模型，使其支持100次批量仿真运行，统计呼叫停留时间并用直方图显示其分布情况。

第5章

复杂离散事件仿真模型设计

前述章节基于排队系统模型的状态、事件和事件处理过程，设计开发了单通道排队系统仿真模型 Queue 和基于 RubberDuck 的仿真模型 QueueES。在这些模型中，定义了“到达事件”和“离开事件”两个事件类型，那么这些类型是如何确定的？如果采用离散事件系统仿真对更复杂的系统进行建模，又该如何进行事件分析和仿真建模呢？为此，基于事件、活动和进程，本章给出了面向复杂离散事件系统仿真的模型设计方法。

5.1 发现事件

离散事件一般指导致系统状态发生变化的事件，而事件本质上是对系统行为的一种主观抽象。原则上，可以定义任意类型，但在针对实际问题对系统行为进行抽象时，所定义事件必须能够有助于深化对系统的认识和理解，尽量减少定义对系统分析来说不必要或多余的事件。

1. 事件抽象的层次性

在对任何系统进行抽象和简化时，事件是无限可分的。因此在定义事件时，只能在相对的、不同的抽象层次上表示某个时间点的系统状态变化。在高层次上抽象的事件可能涵盖更多细节的状态和子事件，这些事件可以表现为更低层次的模型状态和事件函数。例如，可以将一列火车到达车站抽象为一个到达事件，虽然该到达事件可能与一些更具体的动作和时间间隔有关，但如果不关心到达过程中所包含的细节，就可以将该过程抽象为时间上的一个点。

2. 内部事件和外部事件

根据抽象层次的不同，一个事件既可以表示为时间上的一个点，也可以表示为更低层次模型状态和事件的函数。如果仅在一个给定的抽象层次上建模，那么外部输入将会引起系统状态的变化，这类基于外部输入变化所抽象的事件一般称为外部事件，而基于内部状态变化引发的事件称为内部事件。实际上，内部事件是来源于更低层次的抽象模型，而不是来源于系统的外部环境，它们引发了给定层次上模型的状态转移，也可能会成为低层次模型的输入。当自顶向下对系统进行多层次抽象时，需要从更低层次、更细粒度对系统进行分析，这样建立的模型更能符合系统内在的逻辑和结构特征。

3. 简单的事件辨识方法

- 当输入、输出和状态轨迹产生明显的变化时，可能会有相关的事件发生。例如，一个输入轨迹是一个方波，方波的开始和结束是事件最有可能发生的位置。在连续系统里，状态变量确定了系统的历史轨迹，一个状态变量符号的变化是事件最有可能发生的位置。
- 实体之间的交互一般会引起事件发生。
- 实体动作都有开始和结束时间，它们也是事件可能发生的时刻点。
- 分析边界范围条件。对象之间发生碰撞时，这些碰撞点一般反映了事件的发生（例如导弹碰撞目标），或相关对象进入了它周围的物理环境等都隐含着事件的发生。

5.2 离散状态到事件的转换

第2章2.5节给出了状态事件转换的太极图，那么事件和状态是如何相互影响变化的呢？下面，通过最简单的离散状态模型——有限状态机（Finite State Automata，FSA）与有限事件机（Finite Event Automata，FEA）的转换，就可以了解基于离散状态抽象事件的方法。

FSA是一个包含有限离散状态和转移的系统。状态代表了当前的条件或系统在某段时间点的“快照”，转移则为在输入控制和当前状态条件下系统从一个状态转移到另一个状态。状态描述了系统在一个时间点的“快照”，而且可能在一段时间内持续有效。

图5-1中给出了一个四冲程发动机的FSA模型。可以将一个四冲程发动机抽象为四个状态，这四个状态将重复转换直到发动机关闭。在压缩阶段，注入的混合气体被压缩，然后在点火状态被点燃；在膨胀阶段，膨胀的气体推动活塞在气缸中来回运动；在释放阶段，将产生的废气通过排气管道和汽

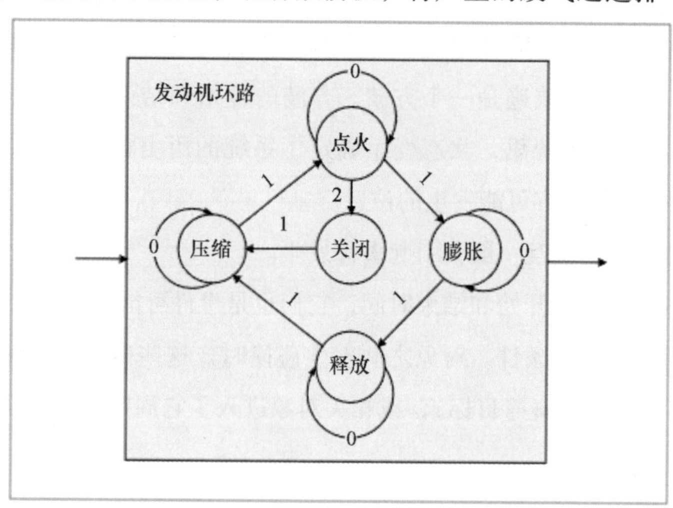

图5-1 四冲程发动机的FSA模型

车的尾气管排出。这里假设这四个状态不断循环直到点燃状态结束，此时系统将转移到关闭阶段。

FEA 模型与前面介绍的 FSA 模型在图形描述上类似。不同之处在于，在 FEA 中，节点表示事件而不是状态，而且事件之间的关联关系表示事件发生顺序及调度时间。事件标志着系统状态的改变。例如，在前面四冲程引擎 FSA 模型中，没有清晰描述事件的变化，因为 FSA 模型重点关注的是状态而不是事件。图 5 –2 中描述了与图 5 –1 中各种状态相关的事件。

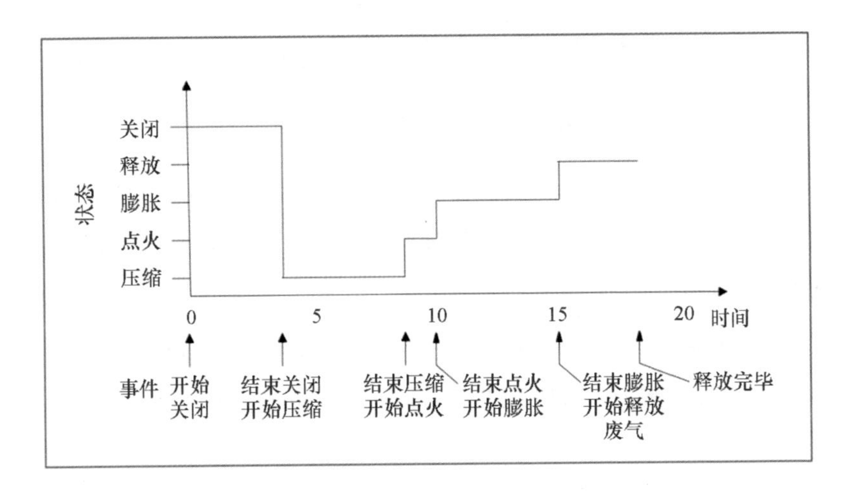

图 5 –2 四冲程发动机状态轨迹

根据图 5 –2 可以发现，事件实际上与状态具有对应关系，并标识了状态的转移，因此可以按照以下规则由 FSA 模型自动产生 FEA 模型：计算所有状态转移的时间，分别在 FEA 中相应的事件转移上标注这些时间；用相应的事件名代替相应的状态名。

图 5 –3 即为一个四冲程引擎的事件图。从 FSA 到 FEA 的转换中，每个状态转移开始和结束的时刻即为事件，事件是离散状态发生变化的时刻，状态结束的时刻也必然发生了事件，因此离散事件模型中事件与状态是完全对应的——状态只是表示系统处在该状态开始和结束的两个事件中间时的一种存在形式。如果在离散事件建模时确定了离散状态，就可以采用这种对应关

系确定相应的事件，抽象出需要的事件类型。

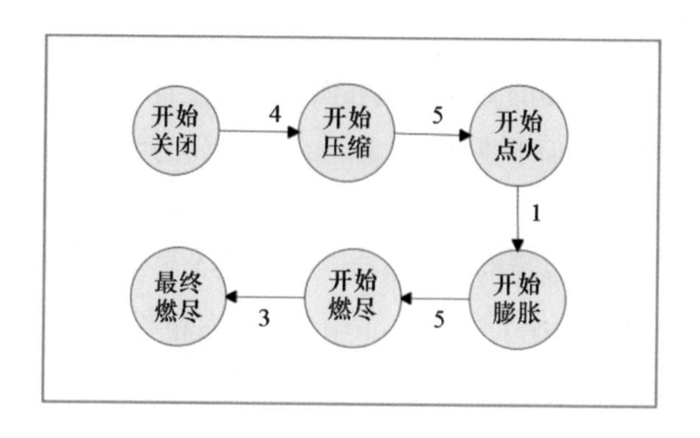

图 5－3　四冲程引擎的事件图

实际上，在自然语言中，人们会不自觉地运用这种抽象方法。例如，可以经常使用一个动词短语表示状态名称，如“倒空”“放置”“沸腾”，而在表示状态的动词短语前面增加“开始”或“结束”来表示事件名称，如“开始沸腾”“结束沸腾”。这种表示状态的动词短语本质上代表了离散事件仿真建模中的“活动”概念。可以基于活动和进程更规范化地抽象仿真事件。

5.3　面向实体的离散事件仿真建模

状态到事件的转换提供了抽象事件的一种规范化方法。在离散事件仿真建模中，离散状态一般与活动一一对应，因而可以通过活动、进程描述状态与事件的转换关系。下面以排队系统模型为例说明事件、活动和进程的关系。

5.3.1　事件、活动与进程

1. 事件

事件是引发系统状态变化的瞬间行为。只有当事件发生时，系统状态才会发生变化。例如，在排队系统中，系统的状态可以定义为队列状态（等候服务的顾客人数）与服务台状态（忙或闲）的集合，每当一类事件发生系统状态就会发生变化。如果服务台的状态为闲，当有顾客到达时服务台的状态就会由闲变为忙，从而使系统状态发生变化；如果服务台的状态已经为忙，新来的顾客就只能加入队列排队等候，系统状态也随之发生变化。

2. **活动**

离散事件系统中的活动，通常表示两个相邻事件之间所经历的过程。活动总是与一个或几个实体的状态相对应。活动所占用的时间区段称为忙期，忙期可以是确定的或随机的。活动因某一事件的发生而开始，因下一事件的发生而结束，因此标志着实体状态迁移的一个片段。例如，在“顾客到达”与“服务开始”这两个事件之间存在一个“排队等候活动”，而“服务开始”与“服务结束”事件之间存在一个“服务活动”。从另一个角度看，“排队等候活动”的开始和结束，标志着顾客队列状态发生变化；而“服务活动”的开始和结束，则标志着服务台状态发生变化。显然，活动与实体的离散状态是一一对应的。

3. **进程**

进程用于描述一个实体在仿真过程中所经历的完整过程，包括其间发生的若干个事件和若干项活动，以及这些事件和活动之间的逻辑和时序关系。例如在排队系统的例子中，从“顾客到达”到“服务结束”的过程就可以看作一个进程（见图5-4）。进程是事件与活动的组合，因此可以更加完整地描述实体状态迁移的过程。

由于事件的发生会导致实体状态的变化，而实体的活动可以与一定的状态相对应，因此可以用事件来标识活动的开始和结束，而进程则包括了事件、状态和活动。四者之间的关系如图5-4所示，图中S表示状态，A表示活动，E表示事件，P表示进程。

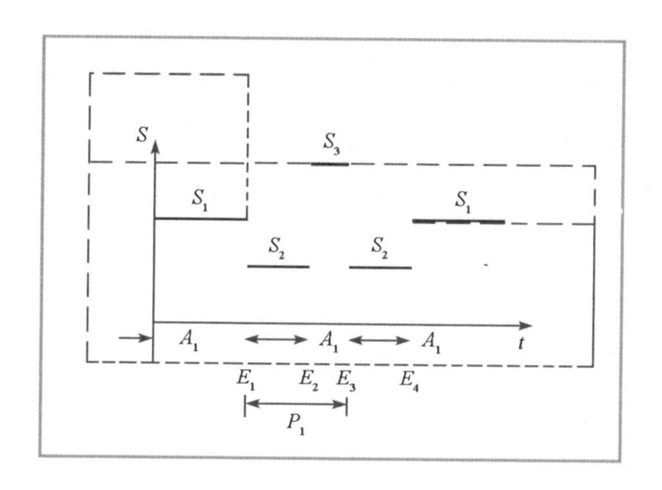

图 5－4　事件、活动与进程的关系图

5.3.2　离散事件仿真建模过程中的概念

在离散事件仿真建模过程中，基于活动更容易划分引起状态变化的事件，但复杂系统可能包含很多活动，那么如何有条不紊地确定其中包含哪些活动呢？答案是采用面向实体或面向对象的仿真建模方法。早在 20 世纪 60 年代，SIMULA 等离散事件仿真软件就明确了面向对象的离散事件仿真建模的相关概念，即通过实体确定进程，通过进程确定活动，继而通过活动划分事件。离散事件仿真中的系统、实体、属性等概念可以进一步明确表述如下。

1. 系统

系统由若干物理或逻辑上相对独立的单元及其相互关系构成，单元间相互关系的总和称为系统的结构。

2. 实体

构成系统的物质、能量、信息和组织等有实际意义的物理或逻辑单元统称为实体（或对象）。例如，弹道导弹飞行控制系统中的实体有弹道导弹弹体、测量单元、计算装置、执行机构等，商品销售系统中的实体有管理部门、管理人员、商品、货币、设备、设施等。实体在不同的条件下可能展现不同的行为，因此需根据所研究的问题关注实体在不同条件下的行为变化。

3. 属性

凡实体总有属性。属性是对实体所具有的主要特征的描述。例如，在弹道导弹飞行控制系统中，导弹弹体与控制系统有关的属性有导弹的飞行速度、飞行高度、飞行姿态角等，测量单元的属性有测量范围、测量误差等；在商品销售系统中，部门的属性有人员数量、职能范围，商品的属性有生产日期、销售价格、销售数量、库存数量等。

4. 状态和参数

属性可以用参数或状态变量加以描述。在仿真应用中，如果实体的某一属性不会发生明显变化，或者发生的变化具有事先可以预知的规律，且对所研究问题没有本质的影响，那么就可以将其作为固定或时变的参数来考虑。不同的参数设置，代表不同的仿真方案。由于实体自身的运行以及实体间的相互作用，实体的某些属性可能会随着时间的变化而持续发生变化，例如弹道导弹的飞行速度和飞行高度；实体的其他属性可能在一段时间内保持不变，而因某类事件的发生在某些时刻发生变化。例如商品的销售价格和库存数量等，这些属性通常作为状态变量来考虑。实体状态随时间变化而改变的过程称为实体的行为。实体的行为可能表现为其状态随时间的持续变化，也可能表现为其状态随事件的跳跃变化。

5.3.3 面向实体的离散事件仿真建模过程

下面，在第2章2.5节基础上给出面向实体的离散事件仿真建模过程。

（1）描述问题与分析需求。

（2）确定系统输入与输出。

（3）辨识组成系统的实体及其属性。将队列作为一种特殊的实体来考虑。如果实体分析有困难，可以通过问题描述或调查发现其中包含的实体对象，仿真模型中应该表示这些对象。

（4）分析确定实体的进程和活动。通过实体在仿真运行中的活动过程和生命周期，我们可以确定其中不同实体的进程和活动。

（5）分析各种实体的状态和活动及其相互间的影响（关注不同实体间的协同活动），进行系统离散状态抽象，根据问题分析需求确定系统模型中需要关注的离散状态。队列实体的状态是队列的长度。

（6）进行事件抽象。考察有哪些瞬时行为导致了活动的开始或结束，或者可以作为活动开始或结束的标志，以确定引起实体状态变化的事件。对于不同实体间的协同活动，仅需要分析一个实体的活动即可；对于实体内部时间相同的事件，可以进行合并；对于存在条件的活动开始或结束事件，可以将其合并到无条件事件处理中。

（7）进行事件影响分析。确定各个事件发生时系统模型状态将发生何种变化以及如何产生新的事件；在一定的服务流程下，分析与队列实体有关的特殊操作（如换队等），通过事件处理逻辑图准确表示事件处理过程。

（8）明确系统模型的初始状态和初始事件。

（9）确定系统模型参数。

（10）定义仿真结果输出。

5.3.4 排队系统的离散事件仿真建模

根据上述面向实体的离散事件仿真建模过程，可以分析确定单通道排队系统的实体、进程、活动和事件。前面已经分析了相关的排队系统模型，这里主要介绍其中的实体、进程、活动和事件抽象过程。

1. 描述问题与分析需求（略）。

2. 确定系统输入与输出。排队系统输入为到达的顾客，输出为离开的顾客。

3. 辨识组成系统的实体及其属性。根据问题描述，排队系统中的实体主要包括顾客、服务台和队列。队列属于一种特殊实体。

4. 分析确定实体的进程和活动。根据每个顾客实体的生命周期，可确定顾客的进程主要包括“到达活动”“排队等候”“接受服务”和“离开活动”；服务台的进程则为“休息”和“服务”，这两个活动形成交替的活动周期。其中顾客的“接受服务活动”与服务台的“服务活动”属于协同活动，两类实体满足条件时该活动将同时开始和结束。

5. 进行系统离散状态抽象。根据顾客活动，顾客的状态可以表示为“到达”“排队等候”“接受服务”和“离开”；服务台状态可以表示为“空闲”和“忙”。队列实体的状态是队列的长度。这些活动的相互影响在前面的排队系统中进行了讨论。

6. 进行事件抽象。

（1）顾客“到达活动”相关事件。顾客“到达活动”始于外部，可用随机变量表示其到达过程，所以仅需要考虑顾客到达活动的结束事件。

（2）顾客“排队等候”相关事件。顾客“排队等候”开始事件源于顾客到达事件，所以可在顾客“到达活动”结束事件中合并“排队等候”活动的开始事件；顾客“排队等候”结束事件源于上一顾客服务结束事件，所以该活动结束事件可以与上一顾客“服务结束”事件合并。

（3）顾客“接受服务”相关事件。根据排队系统活动逻辑过程，顾客“接受服务”的开始事件源于两类活动：新顾客的到达和上一顾客服务的结束，所以顾客“接受服务”的开始事件可以与这两类活动的结束事件进行合并；排队系统中采用随机变量表示顾客“接受服务”的持续时间，其结束事件可以通过“服务结束”事件表示。

（4）顾客“离开活动”相关事件。顾客“离开活动”结束于外部，只要顾客服务结束即顾客“离开活动”开始。由于可以不考虑顾客“离开活动”结束事件，因此可以将顾客“服务结束”事件与顾客“离开活动”开始事件进行合并。

（5）服务台“休息活动”相关事件。因为服务台“休息活动”开始事件与服务台“结束服务”事件时间相同，服务台“休息活动”结束事件时间与服务台“开始服务”事件时间相同，所以可以将服务台“休息活动”相关事件与服务台“服务活动”相关事件合并。

（6）服务台“服务活动”相关事件。服务台“服务活动”与顾客“接受服务”为协同活动，因此仅需要考虑顾客的“接受服务”相关事件即可。

通过上述活动的相关事件分析可知，可以采用“顾客到达”“服务开始”和“服务结束”事件表示上述活动中的类型。排队系统中的进程、活动、事件关系如图 5 -5 所示。

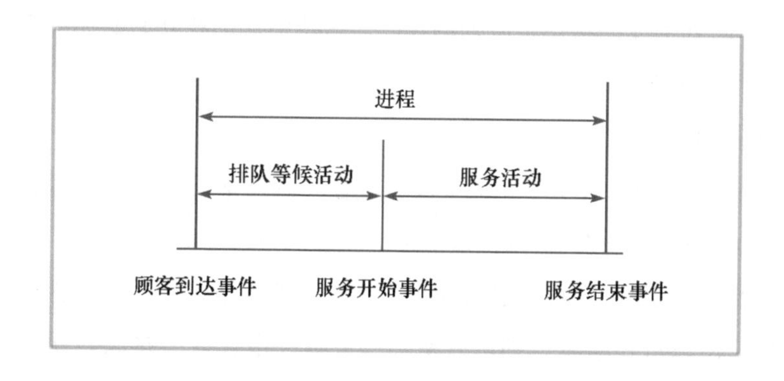

图 5 -5　排队系统中的进程、活动、事件关系

“服务开始”事件实际上属于条件事件，需要“顾客到达”和“服务结束”事件发生时通过条件判断确定该事件是否发生。由于当前事件调度是面向确定发生时间的事件调度，所以最好将“服务开始”事件与“顾客到达”或“服务结束”事件合并。当然也可以明确划分和处理这种条件事件，第 6 章的三段扫描法就是一个面向条件事件的仿真调度算法。

7. 进行事件影响分析（略）。

8. 明确系统模型的初始状态和初始事件（略）。

9. 确定系统模型参数（略）。

10. 定义仿真结果输出（略）。

5.4 哲学家就餐问题

5.4.1 哲学家就餐问题离散事件模型

哲学家就餐问题是由 E. J. Dijkstra 提出的著名问题，其目的是解决资源的共享与访问控制问题。

1. 描述问题与分析需求

有五个哲学家围坐在一个圆桌旁，这五个哲学家一边进餐一边思考哲学问题，如图5-6所示。在每两个哲学家之间放着一支用于进餐的筷子，任何一个哲学家必须同时拥有自己两侧的筷子才能进餐。如果邻座的哲学家正在进餐，显然至少有一支筷子无法得到，此时哲学家或者思考哲学问题，或者什么也不做等待筷子被邻座放下来。哲学家在思考问题时就放下筷子停止用餐。问题提出：对哲学家进行思考的时间和等待筷子的时间进行统计。

图5-6　哲学家就餐问题

2. 确定系统输入与输出

该系统属于无输入和输出的封闭系统。

3. 辨识组成系统的实体及其属性

哲学家就餐问题是典型的并发资源竞争问题。每个哲学家需要旁边的两个筷子才能就餐，所以筷子是哲学家需要的资源。哲学家、筷子都属于需要关注的实体。哲学家可以就餐的条件是该哲学家思考问题完毕、等待就餐且左右两边的两根筷子资源可用。因为这里主要考察哲学家的思考时间和等待筷子时间，所以需考虑的哲学家实体属性主要包括“思考”“就餐”和“等待就餐”等状态属性，这些状态的改变依赖思考时间、就餐时间和等待时间，其中等待时间取决于左右两边的筷子是否可用，所以需考虑的筷子实体属性主要为是否可用状态。

4. 分析确定实体的进程和活动

每个哲学家进程主要包括等待左右两边的筷子资源、就餐、思考三个活动，这三个活动周而复始。而筷子是一种资源，属于被动实体，类似于服务台，其活动主要包括就餐和空闲，其中就餐为筷子与哲学家的协同活动。

5. 进行系统离散状态抽象

根据哲学家活动分析，哲学家的状态包括“等待就餐”“就餐”和“思考”三类；筷子状态包括“可用”和“不可用”两类。如果一个哲学家处于“等待就餐”状态，则必须保证其左右两边筷子资源可用。如果哲学家两边筷子都可用则其进入就餐状态，就餐活动结束后将自动进入思考状态并释放左右的筷子资源，待思考活动结束后哲学家将进入“等待就餐”状态。

6. 进行系统事件抽象

（1）哲学家“等待就餐”活动相关事件。每个哲学家“等待就餐”活动开始于“思考”活动结束，所以每个哲学家“等待就餐”活动开始事件可以与其“思考”活动结束事件合并。“等待就餐”活动何时结束取决于左右两根筷子资源是否可用。如果左右两根筷子开始就可用，则“等待就餐”活动等待时间为0，直接与该哲学家的“思考”活动结束事件合并；否则“等待就餐”活动将取决于邻座哲学家何时释放筷子，并满足左右两根筷子资源都可用为止。因此，应该在邻座哲学家释放筷子资源时检查该哲学家左右两根筷子资源是否可用，如果可用则标志着“等待就餐”活动结束，发生“等待就餐”活动结束事件。显然，“等待就餐”活动结束事件属于条件事件，其发生时间必然和某个哲学家释放筷子资源的时间相同，而某个哲学家释放筷子资源的时间属于该哲学家的“就餐结束”事件。因此，某个哲学家“等待就餐”活动结束事件可以与邻座哲学家的“就餐结束”事件合并，这需要在其“就餐结束”事件发生时检查是否有邻座哲学家的“等待就餐”活动结束。所以，某个哲学家的“等待就餐”活动开始事件可以与其“思考”活动开始事件合并，而其“等待就餐”活动结束事件可以与其“思考”活动结束事件以及邻座哲学家的“就餐结束”事件合并。

（2）哲学家“就餐”活动相关事件。哲学家“就餐”活动的开始时间与该哲学家的“等待就餐”活动结束时间相同，即可以与其“思考”活动结束事件和邻座哲学家的“就餐结束”事件合并。哲学家“就餐”活动的结束时间取决于哲学家的就餐时间，可采用随机变量表示哲学家“就餐”活动持续时间，活动结束可以通过“就餐结束”事件表示。

（3）哲学家“思考”活动相关事件。哲学家“思考”活动的开始时间与该哲学家的“就餐”活动结束时间相同，即哲学家“思考开始”事件可以与其“就餐结束”事件合并。哲学家“思考”活动的结束时间取决于哲学家的思考时间，可以采用随机变量表示哲学家“思考”活动的持续时间，活动结束可以通过“思考结束”事件表示。

通过上述活动的相关事件分析，最终可采用图5－7表示哲学家就餐问题中的进程、活动、事件关系。

“就餐开始”事件实际上属于条件事件，需要“思考结束”和“就餐结束”事件发生时通过条件判断确定其是否发生。

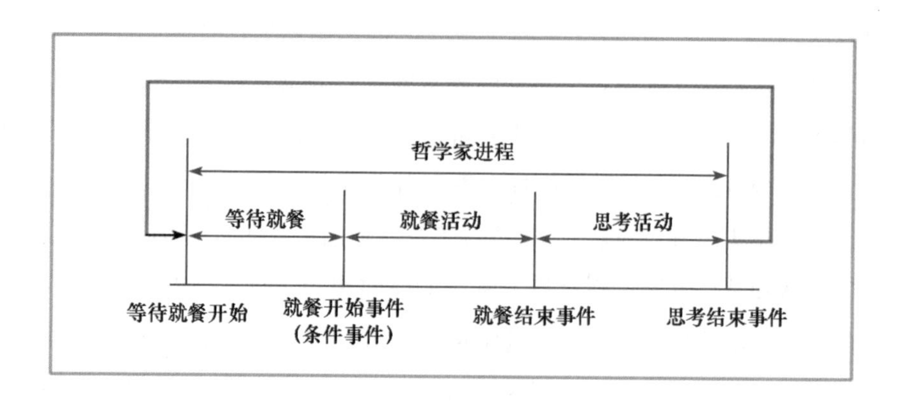

图 5-7　哲学家就餐问题中的进程

7. 进行事件影响分析

（1）“就餐结束”事件。“就餐结束”事件发生时的系统状态变化和产生的后续事件逻辑如图 5-8 所示。某个哲学家的“就餐结束”事件发生后，该哲学家将释放左右两根筷子资源，然后进入思考状态。可根据哲学家的思考时间确定其思考活动结束时间，并产生后续“思考结束”事件。由于该哲学家左右两根筷子资源的释放会影响到其相邻两位处于等待就餐状态的哲学家

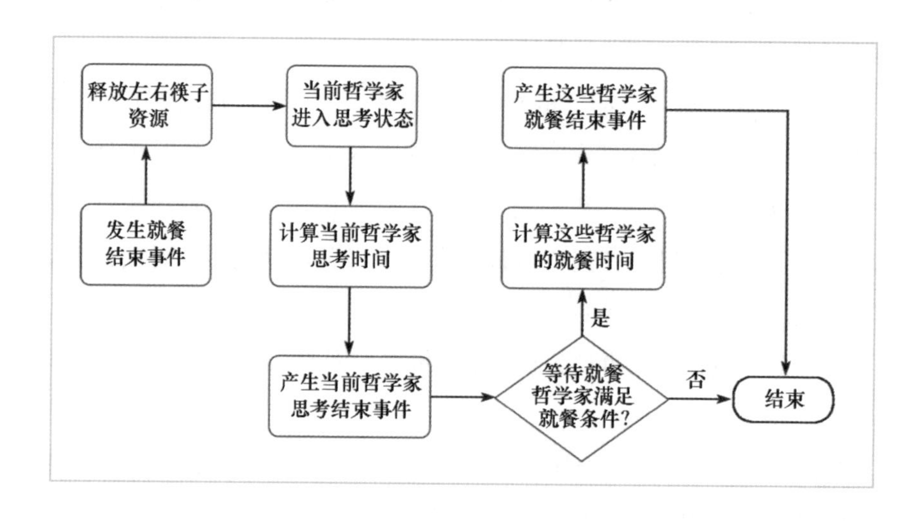

图 5-8　“就餐结束”事件处理过程

状态，所以需要检查其相邻等待就餐的哲学家是否满足就餐条件。对于满足就餐条件的哲学家，开始就餐并根据其就餐时间产生其“就餐结束”事件。

（2）“思考结束”事件。“思考结束”事件发生时的系统状态变化和产生的后续事件逻辑如图5－9所示。某个哲学家的“思考结束”事件发生后，该哲学家将进入“等待就餐”状态。判断该哲学家是否满足就餐条件，如果满足则开始就餐，并根据其就餐时间产生“就餐结束”事件。

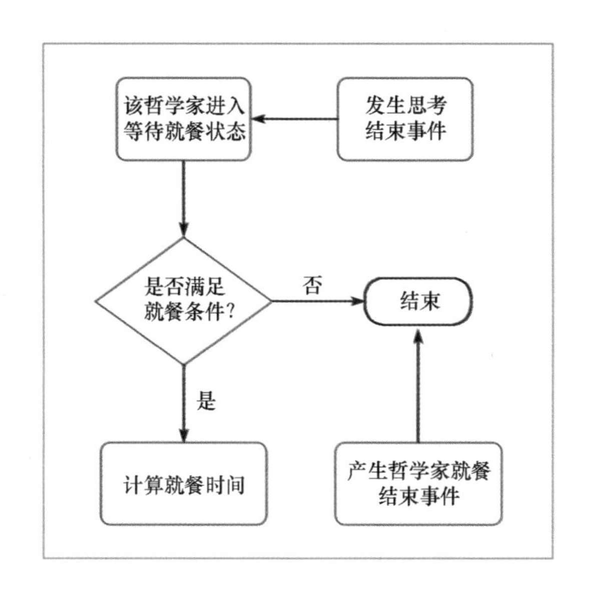

图5－9 “思考结束”事件处理过程

8. 明确系统模型的初始状态和初始事件

系统运行时，可以设定不同哲学家的“就餐”“思考”和“等待就餐”状态以及每根筷子资源的是否可用状态，但不能任意设置，必须要满足哲学家就餐问题的竞争条件。一般可在仿真初始时刻将所有哲学家设置为“等待就餐”状态，筷子资源均处于“可用”状态，然后遍历每个处于等待状态的哲学家，根据等待就餐条件满足情况产生初始的“就餐结束”事件。这种方法易于满足哲学家就餐问题的初始条件要求。如果该问题包含100个哲学家，这种初始状态和初始事件设置将更为有效。

9. 确定系统模型参数

产生哲学家“就餐结束”事件和哲学家“思考结束”事件需要首先确定哲学家的就餐时间和思考时间。这里假定哲学家的就餐时间和思考时间均服从指数分布，指数分布均值为 2 小时和 5 小时。仿真运行时间为一个星期。

10. 定义仿真结果输出

仿真结果输出为一个星期内哲学家进行思考、等待筷子的时间统计。

5.4.2 哲学家就餐问题仿真模型

基于 RubberDuck 库的哲学家就餐问题仿真模型见 rubber-duck/examples/Philosopher _ ES/Philosopher _ ES. cpp 文件。

1. 全局变量定义

Philosopher_ES.cpp 中全局变量定义如下：

```
#define NUM_OF_PHILOS           5
#define SIM_TIME                (24.0 * 7)/* one week! */
#define THINK_TIME              5.0      /* five hours */
#define EAT_TIME                2.0      /* two hours */

#define LEFT_CHOPSTICK(id)      chopsticks[id]
#define RIGHT_CHOPSTICK(id)     chopsticks[(id + 1) % NUM_OF_PHILOS]

#define AWAIT                   1        //等待就餐状态
#define THINK                   2        //思考状态
#define EAT                     3        //就餐状态

typedef struct{
    int id;
    int state;
```

```
        double awaitStartTime;
        double thinkTime;
        double awaitTime;
    } Philosopher;

    bool chopsticks[NUM_OF_PHILOS];
    Philosopher philosophers[NUM_OF_PHILOS];
    //事件名称缓冲区
    char nameBuffer[128];
    class EatCompleteEvent;
    class ThinkCompleteEvent;

    void scheduleEatEvent(Simulator * pSimulator);
```

这些全局变量定义主要包含以下几部分：

(1) 采用宏定义哲学家数量 NUM_OF_PHILOS、仿真时长 SIM_TIME、平均思考时间 THINK_TIME 和平均就餐时间 EAT_TIME。

(2) 采用宏定义左边筷子资源 LEFT_CHOPSTICK(id) 和右边筷子资源 RIGHT_CHOPSTICK(id)。这两个宏返回筷子资源数组。由于筷子资源数组为 bool 类型，因此上述宏定义实际上相当于判断左右筷子是否可用。

(3) 采用宏定义哲学家的 AWAIT、THINK 和 EAT 三种状态类型。

(4) 采用 Philosopher 结构定义哲学家实体，其中 id 表示哲学家序号，state 表示哲学家状态，awaitStartTime 表示就餐等待开始时间，thinkTime 表示哲学家思考时间统计量，awaitTime 表示哲学家等待时间统计量。

(5) 采用 chopsticks 数组定义每根筷子资源是否可用，数组序号对应筷子资源标识；采用 philosophers 数组定义所有的哲学家实体，数组序号对应哲学家 id。

(6) 采用宏定义“就餐结束”事件和“思考结束”事件的类型标识 EATCOMPLETE 和 THINKCOMPLETE。

（7）采用 nameBuffer 数组用于存储事件名称。

2. 事件表示

为表示“就餐结束”事件和“思考结束”事件，基于 EventNotice 类派生了 EatCompleteEvent 和 ThinkCompleteEvent 类。这两类事件重载了函数 trigger( )表示事件发生时的事件处理过程。

- EatCompleteEvent 类定义如下：

```
class EatCompleteEvent: public EventNotice{
public:
    EatCompleteEvent( Philosopher * pPhilosopher, double time) : EventNotice( time) {
        setOwner( pPhilosopher) ;
    };

    virtual void trigger( Simulator * pSimulator) {
        Philosopher * pPhilosopher = ( Philosopher * ) getOwner( ) ;
        int philosopherID = pPhilosopher ->id;
        LEFT_CHOPSTICK( philosopherID) = true;
        RIGHT_CHOPSTICK( philosopherID) = true;
        double t = pSimulator ->getRandom( ) ->nextExponential( ) *
                    THINK_TIME;
        pPhilosopher ->thinkTime += t;
        pPhilosopher ->state = THINK;
        ThinkCompleteEvent * thinkCompleteEvent = new ThinkCompleteEvent
                                                  (pPhilosopher, pSimulator ->
                                                  getClock( ) +t) ;
        sprintf( nameBuffer, "哲学家%d 思考完成事件", philosopherID) ;
        thinkCompleteEvent ->setName( nameBuffer) ;
        pSimulator ->scheduleEvent( thinkCompleteEvent) ;
        pSimulator ->print( "CLOCK = %f: \ t 哲学家%d 开始思考, 结束时刻为
```

```
                    %g \ n", pSimulator ->getClock( ), philosopherID,
                    thinkCompleteEvent ->getTime( ) );
        scheduleEatEvent( pSimulator);
    };
};
```

EatCompleteEvent 类构造函数的参数为发生该事件的哲学家对象指针 philosopher 和事件发生时间 time，time 被传给 EventNotice 基类。philosopher 指针通过 EventNotice 基类的函数 setOwner( )进行指针赋值。根据 5.4.1 节的就餐结束事件处理逻辑，函数 trigger( )中包含了以下计算过程。

（1）通过 EventNotice.getOwner( )获得发生该事件的哲学家对象指针及其标识；通过筷子资源宏定义将该哲学家左右筷子数组元素设置为 true，释放左右筷子资源，使该哲学家的左右筷子资源处于可用状态。

（2）通过 pSimulator 指针的缺省随机变量生成器 getRandom( )调用 nextExponential( )生成服从指数分布的思考时间；将该哲学家的状态置为 THINK 状态；根据该次思考时间累积该哲学家的思考时间；生成该哲学家的“思考结束”事件 ThinkCompleteEvent，通过 nameBuffer 设置 ThinkCompleteEvent 事件的名称，采用 pSimulator 指针调用 Simulator 类的 scheduleEvent( )调度新的“思考结束”事件。

（3）调用 scheduleEatEvent 函数判断其他处于等待就餐状态的哲学家是否可以就餐，并调度这些哲学家的“就餐结束”事件。

● ThinkCompleteEvent 类定义如下：

```
class ThinkCompleteEvent: public EventNotice{
public:
    ThinkCompleteEvent( Philosopher * pPhilosopher, double time) : EventNotice( time) {
        setOwner( pPhilosopher) ;
    };
```

```
        virtual voidt rigger( Simulator  *  pSimulator) {
            Philosopher *  pPhilosopher  = ( Philosopher  * ) getOwner( ) ;
            pPhilosopher ->state  = AWAIT;
            pPhilosopher ->awaitStartTime  = pSimulator ->getClock( ) ;
            scheduleEatEvent( pSimulator) ;
        };
};
```

ThinkCompleteEvent 类构造函数的参数为发生该事件的 philosopher 指针和事件发生时间 time，time 被传给 EventNotice 基类。philosopher 指针通过 EventNotice 类的函数 setOwner( )进行指针赋值。根据 5. 4. 1 节的思考结束事件处理逻辑，函数 trigger( )包含以下计算过程：

（1）通过 getOwner( )获得发生该事件的哲学家对象指针。

（2）将该哲学家的状态设置为 AWAIT，设置仿真时钟为该哲学家的开始等待就餐时间。

（3）调用 scheduleEatEvent( )判断处于等待就餐的哲学家是否可以就餐，并调度这些哲学家的“就餐结束”事件。

● scheduleEatEvent 函数定义如下：

```
void scheduleEatEvent( Simulator  *  pSimulator) {
    for( int i  = 0; i  < NUM_OF_PHILOS; i  ++) {
        int index  = i;
        if( philosophers[ index] . state  = = AWAIT && RIGHT_CHOPSTICK( index)
          && LEFT_CHOPSTICK( index) ) {
            / *  No longer waiting for chop sticks  * /
            RIGHT_CHOPSTICK( index)  = false;
            LEFT_CHOPSTICK( index)  = false;
            philosophers[ index] . state = EAT;
            philosophers[ index] . awaitTime  + = pSimulator ->getClock( ) -
```

```
                                    philosophers[ i] . awaitStartTime;
            double t  = pSimulator ->getRandom() ->nextExponential() * EAT_TIME;
            EatCompleteEvent * eatCompleteEvent = new EatCompleteEvent
                                                   ( &( philosopher) ) ;
            sprintf( nameBuffer, "哲学家%d 就餐完成事件", index) ;
            eatCompleteEvent -> setName( nameBuffer) ;
            pSimulator -> scheduleEvent( eatCompleteEvent ) ;
            pSimulator -> print( "CLOCK = %f: \ t 哲学家%d 开始就餐, 结束时刻
                        为%g \ n", pSimulator -> getClock( ) , index,
                        eatCompleteEvent -> getTime( ) ) ; ) ;
        }
    }
}
```

函数 scheduleEatEvent( ) 的参数为仿真引擎指针。该函数遍历 philosophers 数组的所有元素，如果存在哲学家处于 AWAIT 状态且左右筷子资源可用，则进行以下处理：

（1）通过左右筷子资源宏定义将指定的筷子数组元素设置为 false，表示该哲学家的左右筷子资源被该哲学家占用，处于不可用状态。

（2）将该哲学家的状态设置为 EAT 状态，并根据等待开始时间和仿真时钟生成该哲学家的等待时间。

（3）通过 pSimulator 指针的缺省随机变量生成器 getRandom( ) 调用 nextExponential( ) 生成服从指数分布的就餐时间；生成该哲学家的“就餐结束”事件，通过 nameBuffer 设置事件名称，采用 pSimulator 指针调用 Simulator 类的 scheduleEvent( ) 调度新的“就餐结束”事件。

3. 模型初始化

初始化函数 Initialization( ) 如下。

```
void Initialization( Simulator * pSimulator) {
```

```
    for( int i = 0; i < NUM_OF_PHILOS; i ++) {
    chopsticks[ i] = true;
        philosophers[ i]. id = i;
        philosophers[ i]. state = AWAIT;
        philosophers[ i]. thinkTime = 0;
        philosophers[ i]. awaitStartTime = 0;
        philosophers[ i]. awaitTime = 0;
    }
    scheduleEatEvent( pSimulator) ;
}
```

Initialization( )的参数为 Simulator 类指针 pSimulator，其主要完成以下初始化过程：

（1）初始化筷子资源数组，全部设置为可用状态。

（2）初始化哲学家数组 philosophers，设置其 id 为数组序号；初始化 state 为 AWAIT；初始化思考时间 thinkTime、等待开始时间 awaitStartTime 和等待时间 awaitTime 为 0。

（3）调用函数 scheduleEatEvent( )产生满足就餐条件的哲学家的“就餐结束”事件。

4. 仿真结果打印

打印函数 PrintReport( )如下。

```
void PrintReport( Simulator * pSimulator) {
    pSimulator ->print( "\ n \ nPercentage think time ( max = %f) \ n \ n", 100. 0
                    * THINK_TIME/( THINK_TIME + EAT_TIME) ) ;
    for( int i = 0; i < NUM_OF_PHILOS; i ++) {
    pSimulator ->print( "Philosopher %d Think Time: %f \ n", i + 1, 100. 0
                    * philosophers[ i]. thinkTime / SIM_TIME) ;
    pSimulator ->print( "Philosopher %d Await Time: %f \ n", i + 1, 100. 0
```

```
                    * philosophers[i].awaitTime / SIM_TIME);
    }
}
```

PrintReport()打印基于指数分布参数的思考时间比例，然后基于仿真统计结果打印每个哲学家的思考时间和等待时间比例。

5. 仿真运行

主程序 main()代码如下。

```
int main(int argc, char * argv[]){
    Simulator * pSimulator = new Simulator(12345678, "philosopher_es.txt");
    Initialization(pSimulator);
    pSimulator->setDebug();
    pSimulator->run(SIM_TIME);
    PrintReport(pSimulator);
    return 0;
}
```

这里 main()主要包含以下过程：

（1）新建 Simulator 类对象。Simulator 类构造函数的参数为内置 Random 对象种子值和仿真运行跟踪打印文件名称 philosopher_es.txt；

（2）调用 Initialization()初始化模型状态和调度初始事件；

（3）调用 Simulator 类的 setDebug()，跟踪打印相应的事件调度过程；

（4）采用仿真运行时间 SIM_TIME 作为参数调用 Simulator 类的 run()，执行仿真运行；

（5）仿真运行完成后，调用 PrintReport()打印仿真结果。

图 5-10 给出了该模型运行的结果。

```
命令提示符
仿真时间=165.602813 发生事件(哲学家1思考完成事件)。
仿真时间=165.602813 在FEL中添加未来事件(哲学家1就餐完成事件),发生时间：167.722628。
CLOCK=165.602813:        哲学家1开始就餐，结束时刻为167.723
仿真时间=166.108583 发生事件(哲学家3就餐完成事件)。
仿真时间=166.108583 在FEL中添加未来事件(哲学家3思考完成事件),发生时间：171.530297。
CLOCK=166.108583:        哲学家3开始思考，结束时刻为171.53
仿真时间=166.108583 在FEL中添加未来事件(哲学家4就餐完成事件),发生时间：168.873341。
CLOCK=166.108583:        哲学家4开始就餐，结束时刻为168.873
仿真时间=167.722628 发生事件(哲学家1就餐完成事件)。
仿真时间=167.722628 在FEL中添加未来事件(哲学家1思考完成事件),发生时间：168.938808。
CLOCK=167.722628:        哲学家1开始思考，结束时刻为168.939
仿真时间=168.873341 发生事件(哲学家4就餐完成事件)。
仿真时间=168.873341 在FEL中添加未来事件(哲学家4思考完成事件),发生时间：174.160633。
CLOCK=168.873341:        哲学家4开始思考，结束时刻为174.161


Percentage think time (max = 71.428571)

Philosopher 1 Think Time:  78.099565
Philosopher 1 Await Time:  7.897704
Philosopher 2 Think Time:  54.187904
Philosopher 2 Await Time:  20.027227
Philosopher 3 Think Time:  59.578646
Philosopher 3 Await Time:  13.816787
Philosopher 4 Think Time:  57.358408
Philosopher 4 Await Time:  18.354575
Philosopher 5 Think Time:  72.916734
Philosopher 5 Await Time:  9.752931

D:\RubberDuck\bin>
```

图 5-10　哲学家就餐问题仿真模型运行结果

5.5　卡车卸货问题

5.5.1　卡车卸货问题离散事件模型

该问题源于 Banks 等编写的《离散事件系统仿真（原书第 5 版）》教材示例。

1. 描述问题与分析需求

某矿井使用 6 辆自卸卡车，将煤炭从矿井入口运送到铁路，其运营流程如图 5-11 所示。每辆卡车均由两台装载机负责装货。装满后，卡车立即行驶到称重点进行称重。装载点和称重点的队列都采用“先到先服务”规则。卡车从装载点到称重点的行驶时间忽略不计。称重后，卡车行驶一段时间（卡车卸货时间包含在内），然后返回矿井处的装载队列继续装载和称重。

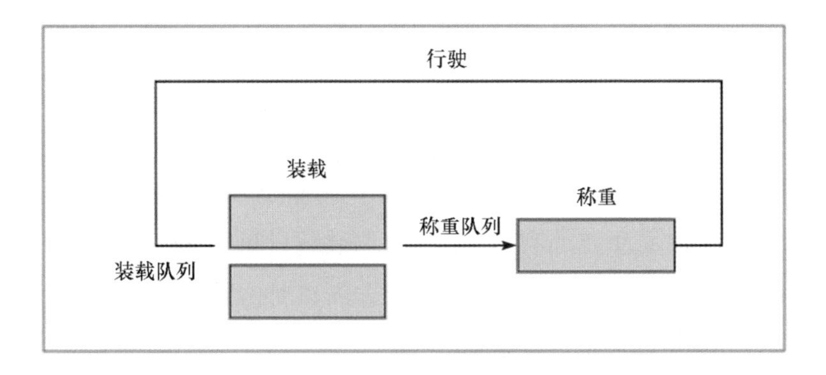

图 5-11 卡车卸货问题

装载时间、称重时间和行驶时间分别由表 5-1、表 5-2 和表 5-3 中的离散分布给出。

表 5-1 装载时间离散分布

装载时间	概率
5	0. 30
10	0. 50
15	0. 20

表 5-2 称重时间离散分布

称重时间	发生概率
12	0. 70
16	0. 30

表 5-3 行驶时间离散分布

行驶时间	发生概率
40	0. 40
60	0. 30
80	0. 20
100	0. 10

仿真的目的是估计装载机和称重点的利用率（繁忙时间占总时间的百分比）。

2. 确定系统输入与输出

系统主要运输煤炭，煤炭资源应该属于系统的输入和输出。但本问题所关注的是装载机和称重点的利用率，主要与装载机和称重机的工作时间以及卡车运输时间相关，与煤炭的运输量无关，所以对该系统进行简化时可将其当作无输入和输出的封闭系统处理。

3. 辨识系统实体组成及其属性

与装载机和称重点利用率相关的实体主要包括卡车、装载机和称重点，装载队列和称重队列属于特殊实体。卡车属性应包含区分每个卡车的标识属性、开始装载时间和开始称重时间。根据排队系统模型特点，装载机和称重点作为服务台主要考虑其是否可用，可以用装载机和称重点的当前可用数量标识其工作状态。

4. 分析确定实体的进程和活动

卡车进程主要包括“等待装载”“装载”“等待称重”“称重”和“转运”活动。装载机和称重点是一种资源，属于被动实体，类似于服务台，其活动主要包括“装载”“称重”和“空闲”，其中“装载”和“称重”活动分别为卡车与装载机和称重点的协同活动。

5. 进行系统离散状态抽象

卡车的状态可以表示为“等待装载”“装载”“等待称重”“称重”或“转运”；装载机和称重点的状态可以表示为“可用”或“不可用”。由于有 2 台装载机，可以用 0、1、2 表示可用装载机数量；而称重点只有一个，可以用 0、1 表示可用称重点数量。

6. 进行系统事件抽象

（1）卡车“等待装载”活动相关事件。卡车“等待装载”活动的开始时间取决于该卡车何时到达装载点，即卡车从称重点离开后的“行驶”活动的结束时间，因此该卡车“行驶”活动结束事件可以与其“等待装载”活动的开始事件合并。卡车“等待装载”活动是否结束取决于上一辆卡车“装载结束”事件是否发生或当前装载机是否空闲，因此该活动结束事件可以与上一辆卡车的“装载结束”事件或“行驶”活动结束事件合并。

（2）卡车“装载”活动相关事件。卡车“装载”活动的开始时间与其“等待装载”活动结束时间相同，因此该卡车“装载开始”事件可以与上一辆卡车的“装载结束”事件或自身“行驶”活动结束事件合并。卡车“装载”活动的结束时间取决于装载机的装载持续时间，可以采用随机变量表示装载机“装载”活动的持续时间，活动结束可以通过“装载结束”事件表示。

（3）卡车“等待称重”活动相关事件。卡车“等待称重”活动的开始时间取决于卡车何时到达称重点，即卡车“装载”活动的结束时间，因此卡车“装载结束”事件可以与其“等待称重”活动的开始事件合并。卡车“等待称重”活动是否结束取决于上一辆卡车的“称重”活动结束事件是否发生或当前称重机是否空闲，因此该活动结束事件可以与上一辆卡车的“称重结束”事件或“装载结束”事件合并。

（4）卡车“称重”活动相关事件。卡车“称重”活动的开始时间与该卡车的“等待称重”活动结束时间相同，因此该卡车“称重开始”事件可以与上一辆卡车的“称重结束”事件或“装载结束”事件合并。卡车“称重”活动的结束时间取决于称重台的称重持续时间，可以采用随机变量表示装载机“称重”活动的持续时间，活动结束可以通过“称重结束”事件表示。

（5）卡车“行驶”活动相关事件。卡车“行驶”活动的开始时间与该卡车的“称重”活动结束时间相同，因此卡车“行驶开始”事件可以与该卡车的“称重结束”事件合并。卡车“行驶”活动的结束时间取决于每个卡车的行驶持续时间，可以采用随机变量表示每个卡车的行驶持续时间，活动结束可以通过“行驶结束”事件表示。

通过上述活动的相关事件分析得出，可以采用“装载结束”“称重结束”

和“行驶结束”事件表示卡车卸货问题中的所有活动，其进程、活动、事件关系最终可采用图 5 – 12 表示。

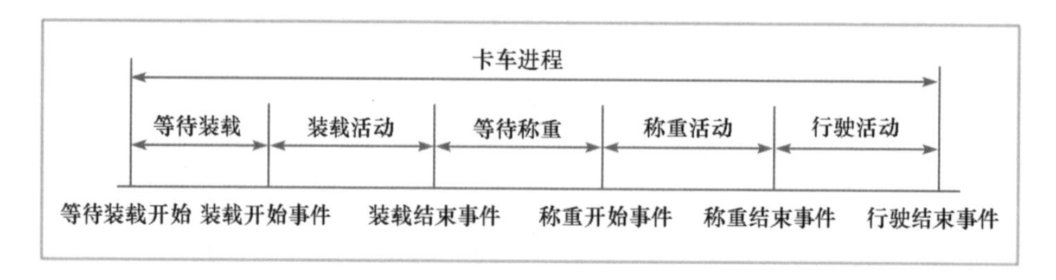

图 5 – 12　卡车卸货进程

卡车“装载开始”“称重开始”事件属于条件事件，需要在“装载结束”“称重结束”和“行驶结束”事件发生时通过条件判断确定其是否发生。

7. 进行事件影响分析

（1）“装载结束”事件。“装载结束”事件发生时的系统状态变化和产生的后续事件逻辑如图 5 – 13 所示。某辆卡车的“装载结束”事件发生后，该卡车将判断称重台是否空闲，如果空闲将占用称重台，产生“称重结束”事件，否则将进入称重台队列排队等候；装载结束后卡车还将释放装载机资源，需要判断装载队列中是否有等待的卡车，如果有卡车等候装载，将移出队首卡车，占用装载机资源，产生“装载结束”事件。

（2）“称重结束”事件。“称重结束”事件发生时的系统状态变化和产生的后续事件逻辑如图 5 – 14 所示。某辆卡车的“称重结束”事件发生后，该卡车将进入“行驶”活动，可以根据行驶时间产生该卡车的“行驶结束”事件，并释放称重台；称重结束后还将判断称重队列中是否有等待的卡车，如果有卡车等候称重，将移出队首卡车，占用称重台，产生“称重结束”事件。

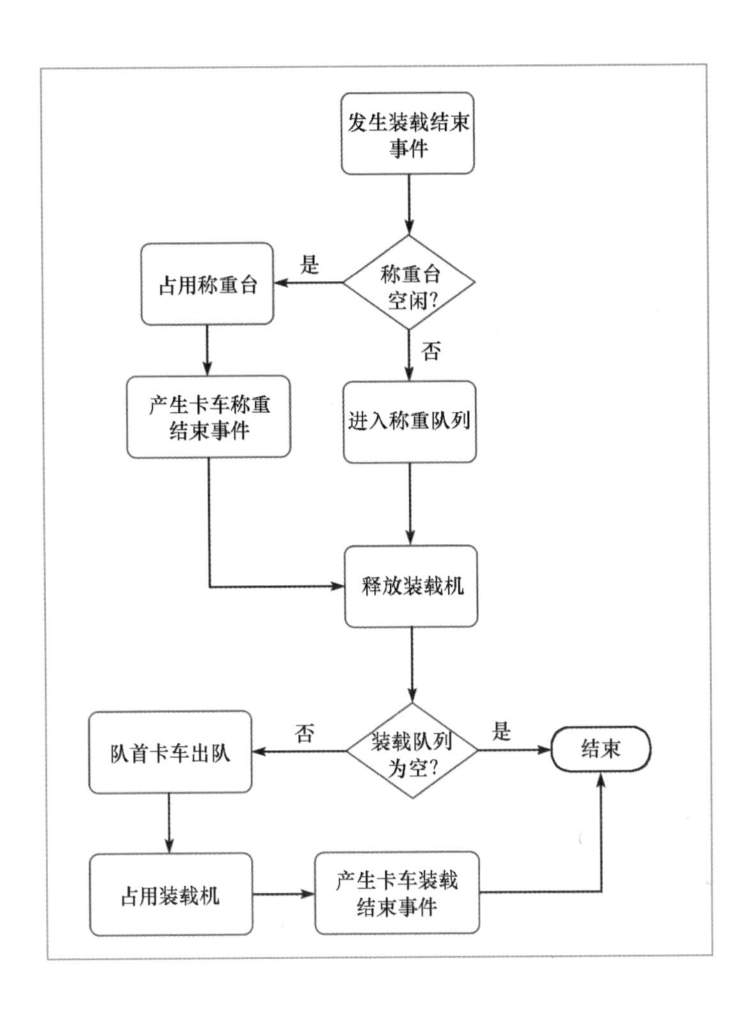

图 5－13　“装载结束”事件处理过程

(3)“行驶结束”事件。“行驶结束”事件发生时的系统状态变化和产生的后续事件逻辑如图 5－15 所示。某辆卡车的“行驶结束”事件发生后，该卡车将判断装载机是否空闲，如果空闲将占用装载机，产生“装载结束”事件，否则将进入装载队列排队等候。

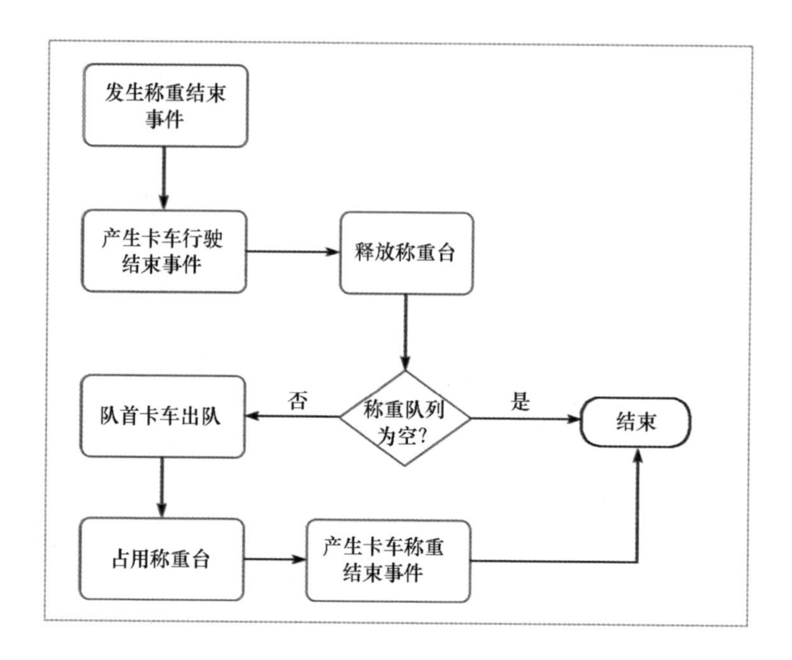

图 5－14 “称重结束”事件处理过程

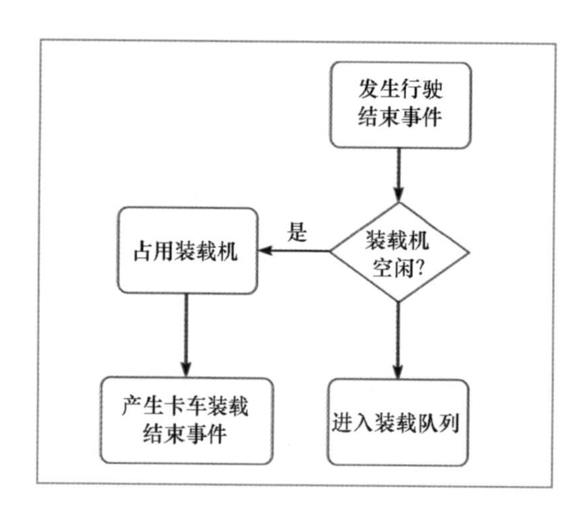

图 5－15 “行驶结束”事件处理过程

8. 明确系统模型的初始状态和初始事件

假定系统开始时有2辆卡车占用2台装载机、1辆卡车占用称重机、其他3辆卡车在装载队列中排队等候，那么初始状态是2台装载机忙、称重台忙、装载队列包含3辆卡车，初始事件为2辆卡车的装载结束事件和1辆卡车的称重结束事件。

9. 确定系统模型参数

卡车卸货问题的模型参数为表5-1、表5-2和表5-3中的装载时间分布、称重时间分布和行驶时间分布。仿真运行时间为100个时间单位。

10. 定义仿真结果输出

仿真结果输出为装载机和称重台的利用率。

5.5.2 卡车卸货问题仿真模型

采用事件调度法的、基于RubberDuck的卡车卸货问题仿真模型见rubber-duck/examples/DumpTruck_ES目录下的DumpTruck_ES.h和DumpTruck_ES.cpp文件。

"码"上有代码

1. 全局变量定义

● DumpTruck_ES.h文件内容如下：

```
//实体: Truck
struct Truck {
    int truckID;
    double beginLoadTime;
    double beginWeighTime;
    Truck( int ID)
    {
        truckID  =  ID;
        beginWeighTime  =  0. ;
```

```
            beginLoadTime = 0. ;
        }
    };

    //装载完成事件
    class EndLoadEvent: public EventNotice{
    public:
        EndLoadEvent( double time, Truck * truck) ;
        virtual void trigger( Simulator * pSimulator) ;
    };

    //称重完成事件
    classEndWeighEvent: public EventNotice{
    public:
        EndWeighEvent( double time, Truck * truck) ;
        virtual void trigger( Simulator * pSimulator) ;
    };

    //转运完成事件
    class EndTravelEvent: public EventNotice{
    public:
        End TravelEvent( double time, Truck * truck) ;
        virtual void trigger( Simulator * pSimulator) ;
    };
```

由上可知，DumpTruck_ES.h 主要包含以下几部分：

（1）Truck 结构。定义了卡车实体，其中：TruckID 表示卡车序号；beginLoadTime 表示卡车装载开始时间，将用于装载时间统计；beginWeighTime 表示卡车称重开始时间，将用于称重时间统计。

（2）EndLoadEvent、EndWeighEvent 和 EndTravelEvent 三个类声明。这几类构造函数参数包含 Truck 结构指针，用于指向与该事件实例相关的卡车对象。

● DumpTruck_ES.cpp 中的全局变量定义如下：

```
//输入
const int LoadingTime[3] = {5,10,15};
const double LoadingTimeProb[3] = {0.3f,0.5f,0.2f};
const int WeighingTime[2] = {12,16};
const double WeighingTimeProb[2] = {0.7f,0.3f};
const int TravelTime[4] = {40,60,80,100};
const double TravelTimeProb[4] = {0.4f,0.3f,0.2f,0.1f};
const double StopSimulationTime = 100;

CDFDiscreteTable * pLoadingTimeCDF = makeDiscreteCDFTable
                                     (3, LoadingTime, LoadingTimeProb);
CDFDiscreteTable * pWeighingTimeCDF = makeDiscreteCDFTable
                                     (2, WeighingTime, WeighingTimeProb);
CDFDiscreteTable * pTravelTimeCDF = makeDiscreteCDFTable
                                     (4, TravelTime, TravelTimeProb);

//统计量
double BL = 0;      //装载车总工作时间
double BS = 0;      //称重台总工作时间
int MLQ = 0;        //最大装载队长
int MWQ = 0;        //最大称重队长

//实体集合
Queue <Truck * > LoaderQueue; //正在排队装载的卡车,按到达时间排序
Queue <Truck * > ScaleQueue; //正在排队称重的卡车,按到达时间排序

//状态变量
int Lt; //正在装载的卡车数量 0,1,2
```

```
int Wt; //正在称重的卡车数量 0,1
//事件名称缓冲区
char nameBuffer[128];
```

上述全局变量定义主要包含以下几部分：

（1）LoadingTime、LoadingTimeProb、WeighingTime、WeighingTimeProb、TravelTime 和 TravelTimeProb 分别定义卡车卸货模型装载时间、称重时间和行驶时间的离散分布的离散取值和发生概率。

（2）StopSimulationTime 定义仿真结束时间。

（3）BL 和 BS 定义装载车总工作时间和称重台总工作时间，MLQ 和 MWQ 定义最大装载队长和最大称重队长。

（4）LoaderQueue 和 ScaleQueue 定义装载队列和称重队列。

（5）Lt 整型变量定义正在装载的卡车数量，实际上相当于正处于“忙”状态的装载机数量；Wt 整型变量定义正在称重的卡车数量，实际上相当于定义称重台的“忙”“闲”状态；最后采用 char nameBuffer［128］存储事件名称。

DumpTruck_ES.cpp 中定义了 EndLoadEvent、EndWeighEvent 和 EndTravelEvent 类的构造函数和方法。

● EndLoadEvent 类相关定义如下：

```
EndLoadEvent::EndLoadEvent(double time, Truck * truck):EventNotice(time) {
    setOwner(truck);
}
void EndLoadEvent::trigger(Simulator * pSimulator) {
    Truck * pTruck = (Truck *)owner;
    pSimulator->print("CLOCK = %3d: \t 完成了对 Truck %3d 的装载\n", (int)
                    pSimulator->getClock(), pTruck->truckID);

    //进入称重队列
```

```
        ScaleQueue. enqueue( pTruck) ;
        MWQ = max( MWQ, ScaleQueue. getCount( ) ) ;
        //释放一个装载机
        Lt --;

        //计算装载时间
        BL + = pSimulator ->getClock( )  - pTruck ->beginLoadTime;
        if( LoaderQueue. getCount( )  > 0 && Lt  < 2) {
            ScheduleEndLoadEvent( pSimulator) ;
        }
        if( ScaleQueue. getCount( )  > 0 && Wt  = = 0) {
            ScheduleEndWeighEvent( pSimulator) ;
        }
    }
```

EndLoadEvent 类构造函数的参数为发生该事件的卡车对象指针 truck 以及事件发生时间 time，time 被传递给 EventNotice 基类，truck 指针通过 EventNotice 类 setOwner( )进行赋值。根据 5. 5. 1 节的“装载结束”事件处理逻辑，trigger( )包含以下计算过程。

（1）通过 EventNotice 类的 owner 指针获得发生该事件的 truck 指针；

（2）将该卡车加入称重队列 ScaleQueue，计算称重队列的最大队列长度 MWQ；

（3）通过 Lt -- 表示释放装载机资源；

（4）通过 pSimulator 指针获得仿真时钟，累计装载机的、处于忙状态的时间 BL；

（5）如果装载队列 LoaderQueue 中存在等待装载的卡车而且处于装载状态的卡车小于 2，则调用 ScheduleEndLoadEvent 函数生成“装载结束”事件。

● EndWeighEvent 类相关定义如下。

```
EndWeighEvent::EndWeighEvent(double time, Truck * truck):EventNotice(time) {
    setOwner(truck);
}

void EndWeighEvent::trigger(Simulator * pSimulator) {
    Truck * pTruck = (Truck *)owner;
    //调度结束转运事件
    const double travelTime = pSimulator->getRandom()->nextDiscrete
                                (pTravelTimeCDF);
    EndTravelEvent * pEvent = new EndTravelEvent(pSimulator->getClock() +
                                travelTime, pTruck);
    sprintf(nameBuffer, "卡车%d 转运结束事件", pTruck->truckID);
    pEvent->setName(nameBuffer);
    pSimulator->scheduleEvent(pEvent);
    //称重台空闲
    Wt = 0;

    //计算称重时间
    BS += pSimulator->getClock() - pTruck->beginWeighTime;

    pSimulator->print("CLOCK = %3d:\t 完成了对 Truck %d 的称重,开始转运,
                    转运结束时间为%d\n",
        (int)pSimulator->getClock(),
        pTruck->truckID, (int)pEvent->getTime());

    if(ScaleQueue.getCount() >0 && Wt == 0){
        ScheduleEndWeighEvent(pSimulator);
    }
}
```

EndWeighEvent 类构造函数的参数为发生该事件的 truck 指针及事件发生时间 time，time 被传递给 EventNotice 基类。truck 指针通过 EventNotice 类的 setOwner( )进行赋值。根据5.5.1节的“装载结束”事件处理逻辑，trigger( )包含以下计算过程。

（1）通过 EventNotice 类的 owner 指针获得发生该事件的 truck 指针。

（2）通过 pSimulator 指针的缺省随机变量生成器 getRandom( )调用 nextDiscrete( )生成当前卡车服从离散分布的行驶时间，以其为参数生成该卡车 EndTravelEvent 类的“行驶结束”事件 EndTravelEvent；通过 nameBuffer 设置 EndTravelEvent 事件名称；采用 pSimulator 指针调用 Simulator 类的 scheduleEvent( )调度新的“行驶结束”事件。

（3）通过设置 Wt = 0 表示称重台空闲。

（4）通过 pSimulator 的 getClock( )获得仿真时钟，累计称重台的处于忙状态的时间 BS。

（5）如果称重队列 ScaleQueue 中存在等待称重的卡车而且称重台空闲，则调用 ScheduleEndWeighEvent 函数生成“称重结束”事件。

● EndTravelEvent 类相关定义如下：

```
EndTravelEvent::EndTravelEvent(double time, Truck * truck):EventNotice(time) {
    setOwner(truck);
}

void EndTravelEvent::trigger(Simulator * pSimulator) {
    Truck * pTruck = (Truck *)owner;
    //卡车进入装载队列
    LoaderQueue.enqueue(pTruck);
    MLQ = max(MLQ, LoaderQueue.getCount());
    pSimulator->print("CLOCK = %3d:\tTruck %d 完成了转运\n", (int)
                      pSimulator->getClock(), pTruck->truckID);
    if(LoaderQueue.getCount() > 0 && Lt < 2){
```

```
            ScheduleEndLoadEvent( pSimulator) ;
        }
    }
```

EndTravelEvent 类构造函数的参数为发生该事件的 truck 指针及事件发生时间 time，time 被传递给 EventNotice 基类。truck 指针通过 EventNotice 类的 setOwner( )进行赋值。根据 5. 5. 1 节的“行驶结束”事件处理逻辑，trigger( )包含以下计算过程。

（1）通过 EventNotice 的 owner 指针获得发生该事件的卡车对象指针；

（2）将该卡车加入装载队列 LoaderQueue，计算装载队列的最大队列长度 MLQ；

（3）如果装载队列 LoaderQueue 中存在等待装载的卡车而且处于装载状态的卡车小于 2，则调用 ScheduleEndLoadEvent( )生成“装载结束”事件。

- ScheduleEndLoadEvent( )定义如下：

```
void ScheduleEndLoadEvent( Simulator * pSimulator) {
    //队首卡车
    Truck * loaderTruck = LoaderQueue. dequeue( ) ;
    loaderTruck ->beginLoadTime = pSimulator ->getClock( ) ;
    //占用一个装载机
    Lt ++;
    //调度其结束装载事件
    const double loadTime = pSimulator ->getRandom( ) ->nextDiscrete
                              ( pLoadingTimeCDF) ;
    EndLoadEvent * pEvent = new EndLoadEvent( pSimulator ->getClock( ) +
                              loadTime, loaderTruck) ;
    sprintf( nameBuffer, "卡车%d 装载结束事件", loaderTruck ->truckID) ;
    pEvent ->setName( nameBuffer) ;
    pSimulator ->scheduleEvent( pEvent) ;
```

```
        pSimulator ->print("CLOCK =%3d: \ tTruck %d 开始装载,结束时间为%d \ n",
                            (int) pSimulator ->getClock(), loaderTruck ->truckID, (int)
                            pEvent ->getTime());
    }
```

ScheduleEndLoadEvent()的参数为仿真引擎指针，该函数占用装载机并产生“装载结束”事件，其处理过程如下。

（1）通过 LoaderQueue 的 dequeue()获得等待装载队列中的队首卡车，设置仿真时钟为该卡车的开始装载时间；

（2）通过 Lt ++ 表示占用一个装载机；

（3）通过 pSimulator 指针的缺省随机变量生成器 getRandum()调用 nextDiscrete()生成服从离散分布的装载时间，以该时间为参数生成该卡车的“装载结束”事件 pEvent；通过 nameBuffer 设置 pEvent 事件的名称；采用 pSimulator 指针调用 Simulator 类的 scheduleEvent()调度新的“装载结束”事件。

- ScheduleEndWeighEvent()定义如下：

```
void ScheduleEndWeighEvent(Simulator * pSimulator) {
    //占用 Scale
    Wt = 1;

    //队首卡车
    Truck * weighingTruck = ScaleQueue. dequeue();
    weighingTruck ->beginWeighTime = pSimulator ->getClock();

    //调度其结束称重事件
    const double weighTime = pSimulator ->getRandom() ->nextDiscrete
                            (pWeighingTimeCDF);
    EndWeighEvent * pEvent = new EndWeighEvent(pSimulator ->getClock() +
                            weighTime, weighingTruck);
    sprintf(nameBuffer, "卡车%d 称重结束事件", weighingTruck ->truckID);
```

```
        pEvent ->setName( nameBuffer) ;
        pSimulator ->scheduleEvent( pEvent) ;
        pSimulator ->print( "CLOCK = %3d: \ tTruck %d 开始称重,结束时间为%d \ n",
                            ( int) pSimulator ->getClock( ) , weighingTruck ->truckID,
                            ( int) ( pEvent ->getTime( ) ) ) ;
    }
```

ScheduleEndWeighEvent( )的参数为仿真引擎指针，该函数占用称重台并产生“称重结束”事件，其处理过程如下。

（1）通过 Wt = 1 表示占用称重台。

（2）通过 ScaleQueue 的 dequeue( )获得等待称重队列中的队首卡车，推进仿真时钟至该卡车的开始称重时间。

（3）通过 pSimulator 的缺省随机变量生成器 getRandom( )调用 nextDiscrete( )生成服从离散分布的称重时间，以该时间为参数生成该卡车的“称重结束”事件 pEvent；通过 nameBuffer 设置 pEvent 事件的名称；采用 pSimulator 指针调用 Simulator 类的 scheduleEvent( )调度新的“称重结束”事件。

2. **模型初始化**

初始化函数 Initialization( )如下。

```
void Initialization( Simulator * pSimulator) {
    //第 1 辆卡车
    Truck * truck1 = new Truck( 1) ;
    EventNotice * pEvent = new EndWeighEvent( pSimulator ->getClock( ) +
                              pSimulator ->getRandom( ) - >nextDiscrete
                              ( pWeighingTimeCDF) , truck1) ;
    sprintf( nameBuffer, "卡车%d 称重结束事件", truck1 ->truckID) ;
    pEvent ->setName( nameBuffer) ;
    pSimulator ->scheduleEvent( pEvent) ;
    //称重台占用
```

```
    Wt = 1;

    //第2辆卡车
    Truck * truck2 = new Truck(2);
    pEvent = new EndLoadEvent(pSimulator->getClock() + pSimulator->
                getRandom()->nextDiscrete(pLoadingTimeCDF), truck2);
    sprintf(nameBuffer, "卡车%d装载结束事件", truck2->truckID);
    pEvent->setName(nameBuffer);
    pSimulator->scheduleEvent(pEvent);

    //第3辆卡车
    Truck * truck3 = new Truck(3);
    pEvent = new EndLoadEvent(pSimulator->getClock() + pSimulator->
                getRandom()->nextDiscrete(pLoadingTimeCDF), truck3);
    sprintf(nameBuffer, "卡车%d装载结束事件", truck3->truckID);
    pEvent->setName(nameBuffer);
    pSimulator->scheduleEvent(pEvent);

    //装载车占用
    Lt =2;

    //第4,5,6辆卡车
    LoaderQueue.enqueue(new Truck(4));
    LoaderQueue.enqueue(new Truck(5));
    LoaderQueue.enqueue(new Truck(6));

    //称重队长
    MWQ = 0;

    //装载队长
    MLQ = LoaderQueue.getCount();
}
```

Initialization( )的参数为 Simulator 类指针 pSimulator，该函数主要完成以下初始化过程：

（1）生成第一辆卡车对象，通过 pSimulator 指针的缺省随机变量生成器 getRandom( )调用 nextDiscrete( )生成服从离散分布的称重时间，以该时间为参数生成第一辆卡车的“称重结束”事件 EndWeighEvent；通过 nameBuffer 设置 EndWeighEvent 事件的名称；采用 pSimulator 指针调用 Simulation 类的 scheduleEvent( )调度该“称重结束”事件，设置称重台状态 Wt = 1，即称重台被占用。

（2）生成第二、三辆卡车对象，通过 pSimulator 指针的缺省随机变量生成器 getRandom( )调用该生成器的 nextDiscrete( )生成服从离散分布的装载时间，以该装载时间为参数生成两辆卡车的“装载结束”事件 EndLoadEvent；通过 nameBuffer 设置 EndLoadEvent 事件的名称；采用 pSimulator 指针调用 Simulation 类的 scheduleEvent( )调度两个“装载结束”事件；设置装载机状态 Lt = 2，即装载机都被占用。

（3）采用 LoaderQueue 添加新生成的 4、5、6 辆卡车，表示这三辆卡车在装载队列中等候。

3. 仿真结果打印

仿真结果打印函数 PrintReport( )如下。

```
void PrintReport( Simulator * pSimulator) {
    const doubleloaderUtil = BL/2/StopSimulationTime;
    const doublescaleUtil = BS/StopSimulationTime;

    pSimulator ->print( "6 辆卡车转运煤炭仿真 - 事件调度法\ n");
    pSimulator ->print( "\ t 仿真时长( 分钟) %f\ n", pSimulator ->getClock());
    pSimulator ->print( "\ t 装载车工作时间 %f\ n", BL);
    pSimulator ->print( "\ t 装载车利用率 %f\ n", loaderUtil);
    pSimulator ->print( "\ t 最大装载队长 %d\ n", MLQ);
```

```
    pSimulator ->print( "\ t 称重台工作时间 %f \ n", BS);
    pSimulator ->print( "\ t 称重台利用率 %f \ n", scaleUtil);
    pSimulator ->print( "\ t 最大称重队长 %d \ n", MWQ );
}
```

PrintReport( )首先计算装载机和称重台的利用率 LoaderUtil 和 ScaleUtil，然后打印装载机和称重台的利用率和最大队列长度。

4. 仿真运行

仿真运行主程序 main( )代码如下。

```
int main( int argc, char * argv[ ] ){
    Simulator * pSimulator = new Simulator( 1234567, "dumptruck_es. txt");
    Initialization( pSimulator);
    pSimulator ->setDebug( );
    pSimulator ->run( StopSimulationTime);
    PrintReport( pSimulator);
    return 0;
}
```

主程序 main( )主要包含以下过程：

(1) 新建 Simulator 对象。Simulator 类构造函数的参数为内置 Random 对象种子值和仿真运行跟踪打印文件名称 dumptruck_es.txt;

(2) 调用 Initialization( )初始化模型状态和调度初始事件;

(3) 调用 Simulator 类的 setDebug( )，跟踪打印相应的事件调度过程;

(4) 采用仿真运行时间 StopSimulationTime 作为参数调用 Simulator 类的 run( )，执行仿真运行;

(5) 仿真运行完成后，调用 PrintReport( )打印仿真结果。

图 5-16 中给出了该模型的打印输出结果。

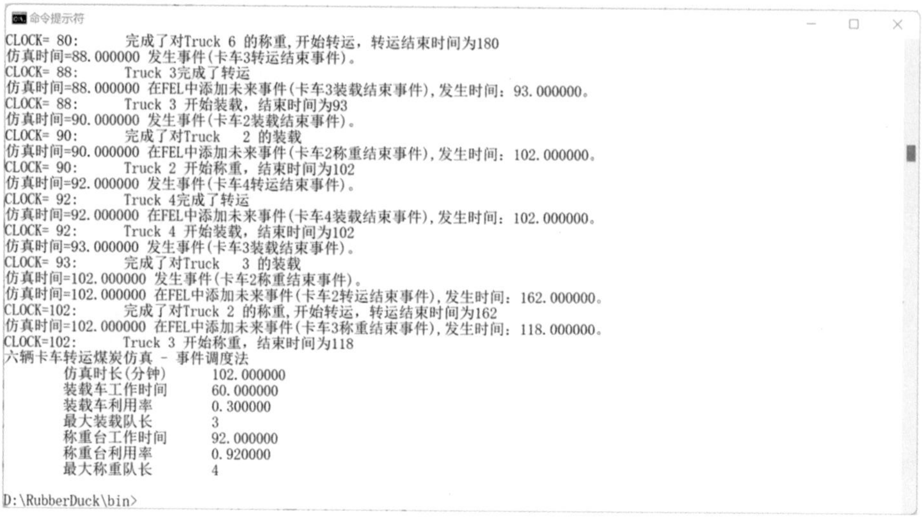

```
命令提示符
CLOCK= 80:      完成了对Truck 6 的称重,开始转运, 转运结束时间为180
仿真时间=88.000000 发生事件(卡车3转运结束事件)。
CLOCK= 88:      Truck 3完成了转运
仿真时间=88.000000 在FEL中添加未来事件(卡车3装载结束事件),发生时间: 93.000000。
CLOCK= 88:      Truck 3 开始装载, 结束时间为93
仿真时间=90.000000 发生事件(卡车2装载结束事件)。
CLOCK= 90:      完成了对Truck  2 的装载
仿真时间=90.000000 在FEL中添加未来事件(卡车2称重结束事件),发生时间: 102.000000。
CLOCK= 90:      Truck 2 开始称重, 结束时间为102
仿真时间=92.000000 发生事件(卡车4转运结束事件)。
CLOCK= 92:      Truck 4完成了转运
仿真时间=92.000000 在FEL中添加未来事件(卡车4装载结束事件),发生时间: 102.000000。
CLOCK= 92:      Truck 4 开始装载, 结束时间为102
仿真时间=93.000000 发生事件(卡车3装载结束事件)。
CLOCK= 93:      完成了对Truck  3 的装载
仿真时间=102.000000 发生事件(卡车2称重结束事件)。
仿真时间=102.000000 在FEL中添加未来事件(卡车2转运结束事件),发生时间: 162.000000。
CLOCK=102:      完成了对Truck 2 的称重,开始转运, 转运结束时间为162
仿真时间=102.000000 在FEL中添加未来事件(卡车3称重结束事件),发生时间: 118.000000。
CLOCK=102:      Truck 3 开始称重, 结束时间为118
六辆卡车转运煤炭仿真 - 事件调度法
        仿真时长(分钟)        102.000000
        装载车工作时间        60.000000
        装载车利用率          0.300000
        最大装载队长          3
        称重台工作时间        92.000000
        称重台利用率          0.920000
        最大称重队长          4

D:\RubberDuck\bin>
```

图 5－16　卡车卸货问题模型运行输出

5.6　小结

复杂离散事件系统仿真模型设计需要遵循仿真建模的基本要求：

（1）适用性，即模型应能够有效地反映所描述系统的特性和规律，其精度应当与仿真研究的目的相匹配；

（2）简单性，即在深入思考分析和满足精度要求的前提下，尽可能地对模型进行简化处理，抓住影响系统行为的主要因素和主要矛盾；

（3）清晰性，即模型的结构应当清晰，尽可能减少子模型之间的内在耦合联系，对实体的属性、状态、活动以及实体间信息关系的描述应当清楚；

（4）组合性，即模型应当尽可能建立在灵活可变的体系框架之上，以便于实现模型的组合和重用。

在复杂离散事件系统仿真中，要准确合理地分析事件，必须首先辨识组成系统的实体及其属性，确定实体的进程和活动；然后，根据各种实体的状态和活动分析其中的相互影响关系，明确有哪些瞬时行为导致了活动的开始或结束，或者有哪些瞬时行为可以作为活动开始或结束的标志，以确定引起实体状态变化的事件。对于不同实体间的协同活动，仅需要分析其中一个实体的活动即可；对于实体内部发生时间相同的事件，可以进行合并；对于存在条件的活动的开始或结束事件，可以将其合并到确定事件的处理过程中。

练习

1. 采用 RubberDuck 库的统计收集类，统计哲学家思考时间、等待时间在总时间中所占比例。
2. 当存在很多哲学家时，如果按照固定顺序扫描判断哲学家是否满足就餐条件，则会带来就餐不公平现象。设计算法，用于在扫描判定哲学家是否满足就餐条件时确保每个哲学家的机会是均等的，并通过仿真结果比较与当前固定顺序扫描之间的差异。
3. 将哲学家就餐问题进行调整：假定每个哲学家在准备就餐时，一旦发现左边或右边的筷子可用即马上抢占，那么将会产生何种结果？仿真运行时会发生何种变化？
4. 将哲学家就餐问题进行调整：假定每个哲学家在就餐完毕时需要清理筷子，以留给其他人使用，那么哲学家就餐进程将会发生何种变化？
5. 采用本章中的事件分析方法分析 Able－Baker 模型中的类型。
6. 修改卡车卸货问题仿真模型，采用 RubberDuck 库的统计收集类计算载货机和称重台的利用率。

第6章

三段扫描法仿真模型设计

由第5章可以发现，很多实体活动需要满足一定条件才能开始或结束。例如，排队系统中的顾客“等候结束”依赖于前一个顾客服务结束，其“服务开始”取决于该顾客处于队首且服务台空闲。这说明这些开始和结束事件属于一类条件事件。在前面的事件调度仿真策略中，对于具有明确发生时间的确定事件，可以通过状态和条件来判断这些事件是否发生。那么，能否将条件事件也作为事件进行统一调度处理呢？答案是肯定的。活动扫描法就是面向条件事件调度的一种仿真策略。

6.1 活动扫描仿真策略

活动扫描法最早出现在1962年Buxton和Laski发布的CSL语言中。活动扫描法对应于活动周期图（Activity Cycle Diagram，ACD）。ACD中的任一活动都可以由开始和结束两个事件来表示，每一事件都有相应的活动例程。活动例程（类似于事件处理例程）能否执行取决于一定的测试条件，该条件一般与时间和系统的状态有关，而且优先考虑时间条件。确定事件的发生时间事先已知，因此其活动例程的测试条件只与时间有关。条件事件的活动例程测试条件与系统状态有关。一个实体可以有几个活动例程。协同活动的活动例程只归属于参与协同的其中一个实体。

在仿真运行中，活动扫描法同时扫描确定事件和条件事件，一旦满足事件发生条件，则调用相应的活动例程进行系统状态更新并调度后续事件。为满足时间上的因果关系，活动扫描法也以最早发生的确定事件的时间推进仿真时钟，这本质上与事件调度仿真策略是一致的。然而，事件发生导致的系统状态变化可能会影响条件事件的发生，所以每次事件（不管是确定事件还是条件事件）发生都需要扫描所有事件，判断其发生条件是否满足，如果满足则调用其活动例程进行系统状态更新并调度后续事件。这样反复扫描直到当前仿真时刻没有任何事件满足发生条件，此时仿真时钟推进至下一最早发生的确定事件的时间。

由于活动扫描法将确定事件和条件事件的活动例程同等对待，都要通过反复扫描来执行，因此计算效率较低。1963 年，K. D. Tocher 借鉴事件调度法的思想，对活动扫描法进行改进，提出了三段扫描法（three-phase scanning）。三段扫描法既可以支持条件事件扫描又兼具事件调度法的高效优点，因此被广泛采用，逐步取代了最初的活动扫描法，并成为基于进程交互仿真的一种主要实现方法。

6.2 三段扫描法仿真策略

同活动扫描法一样，三段扫描法的基本模型单元也是活动例程。但是在三段扫描法中，活动例程被分为两类：

- B 类活动例程——描述确定事件的活动例程，在某一时刻必然会被调度执行，也称确定活动例程。
- C 类活动例程——描述条件事件的活动例程，在协同活动开始（满足状态条件）或满足其他特定条件时被执行，也称条件活动例程或合作活动例程。

显然，B 类活动例程与事件调度法中的事件例程一样可以在确定时刻直接调度执行，只有 C 类活动例程才需扫描执行。B 类活动例程和 C 类活动例程完全可以对应于事件例程。三段扫描法的算法如图 6－1 所示。

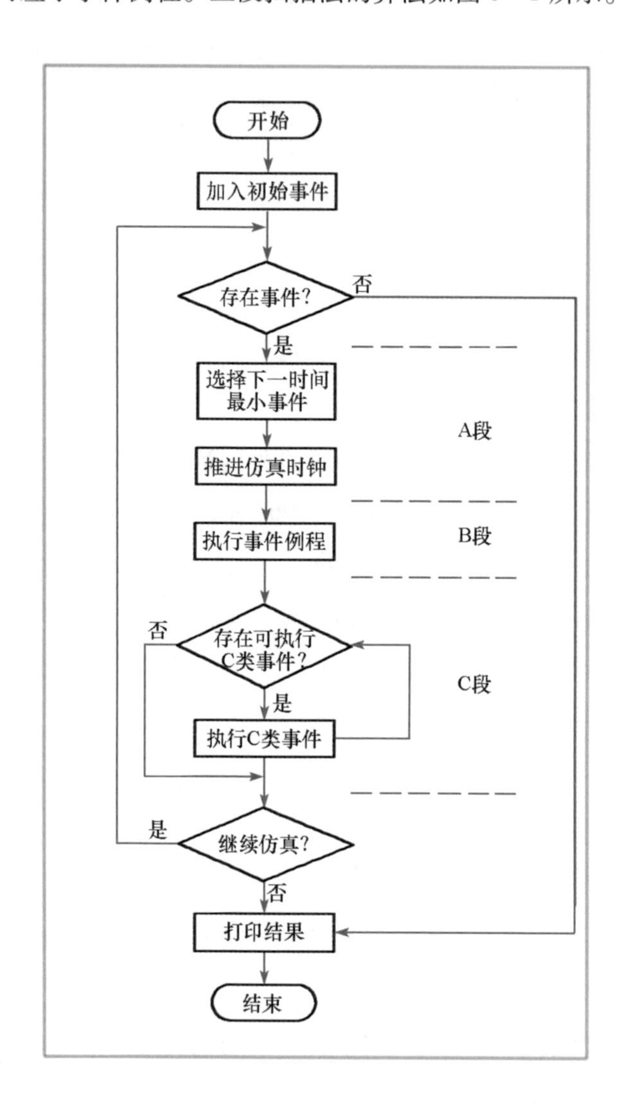

图 6－1　三段扫描法

由图 6－1 可知，三段扫描法在事件调度法的基础上增加了处理条件事件的第三段——C 段。在三段扫描法中，A 段和 B 段与事件调度法是一致的，C

段对应条件事件例程。在处理完 B 段事件后，对条件事件集合进行扫描，如果满足执行条件则执行。反复扫描条件事件集合直至当前仿真时刻没有任何条件事件可执行，即确认当前仿真时刻已没有任何可以发生的条件事件时才能推进仿真时钟。

6.3 基于 RubberDuck 的三段扫描法仿真模型设计

在 RubberDuck 库中的 Simulator 类中，增加了条件事件表（Conditional Event List，CEL）。如果需要调度条件事件，可以通过函数 scheduleConditionalEvent( )实现。在 Simulator 类的函数 run( )中，一旦执行了 FEL 中的确定事件，则将扫描 CEL，如果存在可执行条件事件，则执行该事件的函数 trigger( )。如此反复，直到 CEL 没有可执行条件事件为止。

采用三段扫描法设计仿真模型的方法，基本与第 5 章的离散事件仿真设计过程一样，仅增加了条件事件的识别和处理。确定事件的处理例程仅更新模型状态并产生后续确定事件，不执行条件事件扫描和生成。在每次确定事件发生或系统状态变化时，由条件事件处理例程负责判断条件事件，如果可以发生则激活条件事件的函数 trigger( )。

基于 RubberDuck 库设计条件事件类时，需要重载 EventNotice 类的函数 canTrigger( )，该函数返回事件发生的条件判断结果。如果 canTrigger( )返回结果为 true，则说明当前仿真时刻该事件可以发生；否则该事件不能发生，将继续保留在 CEL，EventNotice 类的 canTrigger( )缺省返回 true。

需要注意的是，在三段扫描法中每次系统状态变化均会触发对 CEL 的扫描判断，因此 EventNotice 类的 canTrigger( )会被调用多次，直到其返回值为 true 值为止。此外，在仿真初始化时也需要考虑初始条件事件的调度，否则将无法捕捉系统的状态变化进而触发条件事件。

同时，当 Simulator 类对象在扫描 FEL 和 CEL 中的事件时，一旦有事件执行，将从 FEL 和 CEL 中删除该事件。如果事件的 reserved 属性返回 false，还将从系统中删除该事件对象。

基于三段扫描法的离散事件建模与第 5 章基于事件的建模过程基本一致，只是在“进行系统事件抽象”和“进行事件影响分析”时需要针对条件事件进行特殊处理。三段扫描法需要基于实体的活动分析确定事件和条件事件，因此应在第 5 章 5.3.3 节“面向实体的离散事件仿真建模过程”基础上面向实体活动分析相关事件类型：首先确定模型中包含哪些实体；然后分析每个实体有哪些活动；再判断每个活动的开始是否有条件，有条件则将其作为条件事件，无条件则作为确定事件；接着为每个活动的结束建立 B 例程；最后需要进行上述事件的合并，确定系统模型中最终包含的确定事件和条件事件。由于相关仿真模型示例在第 5 章已进行了建模分析，下面仅讨论“进行系统事件抽象”和“进行事件影响分析”。

6.4 排队系统模型

6.4.1 面向条件事件的单通道排队系统仿真模型

1. 进行系统事件抽象

单通道排队系统的离散事件仿真建模参见第 5 章 5.3.4 节，其中包含条件事件的进程如图 6－2 所示。

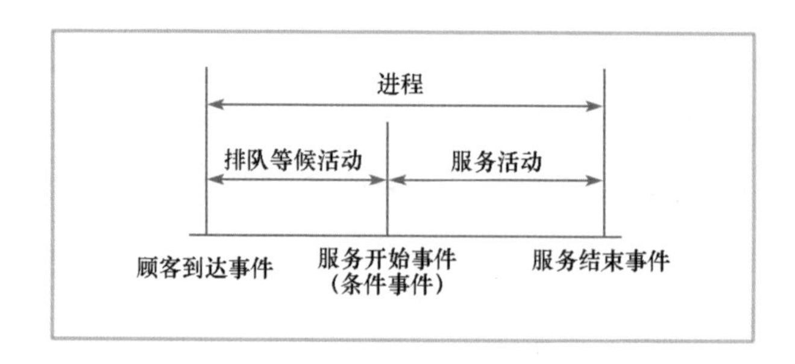

图 6－2　包含条件事件的顾客进程

根据上述进程关系图，排队系统仿真模型包含“顾客到达”“服务结束”两个确定事件和“服务开始”条件事件。

2. 进行事件影响分析

确定事件不再对条件事件进行判定和调度，所以“顾客到达”和“服务结束”这两类确定事件主要负责模型状态的更新和后续确定事件的调度。图6-3和图6-4中分别给出了“顾客到达”事件和“服务结束”事件发生时的系统状态变化和事件处理逻辑。

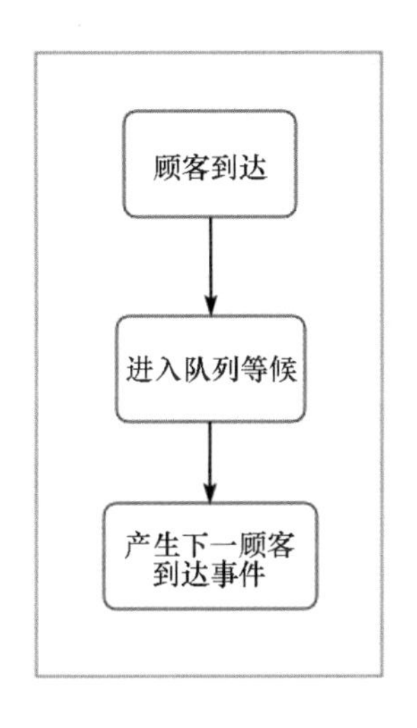

图6-3　到达事件处理过程

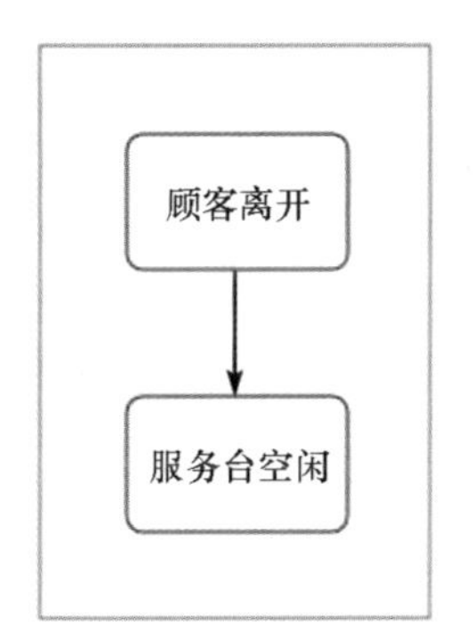

图6-4　离开事件处理过程

当“顾客到达”事件发生时，能否开始为顾客服务由“服务开始”事件进行判断处理。因此“顾客到达”事件仅需要在系统队列中增加顾客即可，同时产生下一顾客的到达事件并将其放入未来事件集合。

同样，当“顾客离开”事件发生时，能否为队首顾客开始服务则由“服务开始”事件进行判断处理，“离开事件”处理例程仅需要将当前顾客从队列中删除并置服务台空闲即可。

“服务开始”事件处理逻辑如图6-5所示。

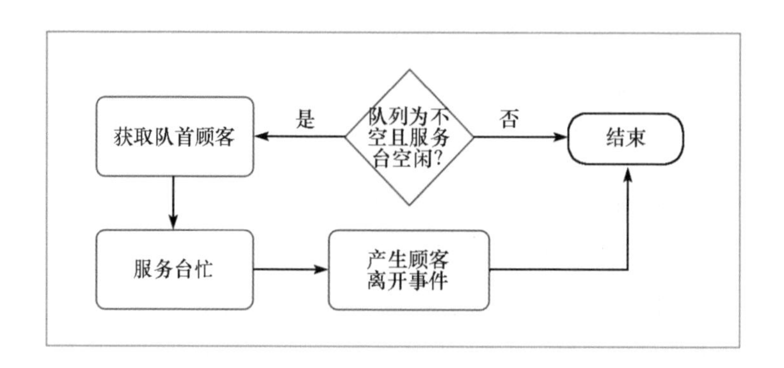

图 6－5　服务开始事件处理过程

“服务开始”事件属于条件事件，其发生前提是队列中存在顾客而且服务台空闲。如果满足发生条件，则服务台由闲变忙，并产生“顾客离开”事件。

这里的“服务开始”事件是属于顾客实体还是服务台呢？根据前述事件分析可知，这个事件为顾客实体和服务台的协同活动的开始事件。如果面向服务台定义“服务开始”事件，则仅需一个“服务开始”事件就可以表示所有与本服务台相关顾客的服务开始事件；如果面向顾客定义“服务开始”事件，则每个顾客实体都需要定义该事件。显然，面向服务台定义“服务开始”事件要更简单。

在仿真过程中，只要系统状态变化就会判断是否触发“服务开始”事件。一旦“服务开始”事件被触发并执行例程完毕，则需判断是否需要删除该事件。如果需要删除，就需在 CEL 中再次调度该事件，否则将无法捕捉系统后续状态变化进而无法触发后续的“顾客离开”事件。因为是单服务台，所以可以在每个离开事件中重新调度“服务开始”事件。此外，在仿真初始化时也需要调度“服务开始”事件。

6.4.2 三段扫描法仿真模型

基于 RubberDuck 库的排队系统三段扫描法仿真模型实现见 rubber-duck/examples/Queue3P/Queue _ 3P. h 和 examples/Queue3P/Queue_3P.cpp 文件。

1. 全局变量定义

Queue_3P.h 头文件声明了该模型中包含的类，定义如下：

```
//服务开始事件
class StartEvent: public EventNotice{
public:
    StartEvent();
    virtual bool canTrigger(Simulator * pSimulator);
    virtual void trigger(Simulator * pSimulator);
};
//到达事件
class ArrivalEvent: public EventNotice{
public:
    ArrivalEvent(double time);
    virtual void trigger(Simulator * pSimulator);
};
//离开事件
class DepartureEvent: public EventNotice{
public:
    DepartureEvent(double time);
    virtual void trigger(Simulator * pSimulator);
};
```

其中 StartEvent 类定义了"服务开始"事件，需要重载函数 canTrigger()

以判断是否可以开始服务。

Queue_3P.cpp 的全局声明与 Queue_ES 相同。

2. 类定义

● ArrivalEvent 类相关定义如下：

```
ArrivalEvent: : ArrivalEvent( double time) : EventNotice( time) {
};

void ArrivalEvent: : trigger( Simulator  *  pSimulator) {
    Customer *  customer  = new Customer( ) ;
    CustomerID  ++;
    customer -> customerID  = CustomerID;
    customer -> arrivalTime  = pSimulator -> getClock( ) ;
    customers. enqueue( customer) ;
    QueueLength ++;
    queueLengthAccum. update( QueueLength, pSimulator -> getClock( ) ) ;
    //其次调度下一 Caller 的到达事件
    const double nextArrivalInterval  = stream -> nextExponential( ) *
                                          MeanInterArrivalTime;
    ArrivalEvent * pEvent  = new ArrivalEvent( pSimulator -> getClock( ) +
                                  nextArrivalInterval) ;
    sprintf( nameBuffer, "顾客%d 到达事件", CustomerID  + 1) ;
    pEvent -> setName( nameBuffer) ;
    pSimulator -> scheduleEvent( pEvent) ;
}
```

由上可知，ArrivalEvent 类的事件处理函数既不判断服务台是否空闲，也不生成“顾客离开”事件，它只生成顾客实体对象并将顾客加入队列，产生下一“顾客到达”事件。

● DepartureEvent 类的相关定义如下：

```
DepartureEvent::DepartureEvent(double time):EventNotice(time) {
}

void DepartureEvent::trigger(Simulator * pSimulator){
    Customer * finished = customers.dequeue();
    double response = (pSimulator->getClock() - finished->arrivalTime);
    responseTally.update(response, pSimulator->getClock());
    if(response >4.0) LongService ++; // record long service
    NumberOfDepartures ++;
    if(NumberOfDepartures >= TotalCustomers){
        pSimulator->stop();
    }
    busyAccum.update(0, pSimulator->getClock());
    delete finished;
    CustomerInService = NULL;
    pSimulator->scheduleConditionalEvent(new StartEvent());
}
```

同样，上述 DepartureEvent 类的事件处理函数既不判断队列中是否有顾客，也不生成“顾客离开”事件，而只是设置 CustomerInService = NULL 表示服务台空闲，并调度一个新的“服务开始”事件，由该事件判断是否会产生“顾客离开”事件。

● StartEvent 类相关定义如下：

```
StartEvent::StartEvent():EventNotice(-1) {
    setName("开始服务");
}

bool StartEvent::canTrigger(Simulator * pSimulator){
```

```
        if( CustomerInService ! = NULL) {
            return false;
        }
        //如果队列还有 Caller, 为其服务
        if( QueueLength = = 0) {
            return false;
        }
        return true;
    }

    void StartEvent: : trigger( Simulator * pSimulator) {
        ScheduleDeparture( pSimulator) ;
    }
```

由于 StartEvent 类事件属于条件事件，因此其发生时间可以设为任意值，这里设为 -1。StartEvent 类事件的发生条件判断函数 canTrigger( ) 负责判断服务能否开始。该函数在顾客队列为空或服务台忙时返回 false，表示在这些状态下不能开始服务。如果 canTrigger( ) 返回 true，则调用 Simulator 类函数 trigger( ) 处理该事件。StartEvent 类的 trigger( ) 通过调用 ScheduleDeparture( )，产生队首顾客离开事件，并设置服务台为忙。

3. 模型初始化

由于确定事件不会判断 StartEvent 类事件，因此初始化函数 Initialization( ) 将调度第一个 StartEvent 类事件。

初始化函数 Initialization( ) 如下。

```
    void Initialization( Simulator * pSimulator) {
        QueueLength = 0;
        CustomerInService = NULL;
        NumberOfDepartures = 0;
```

```
    LongService = 0;
    ArrivalEvent * pEvent = new ArrivalEvent(pSimulator ->getClock() +
                        stream ->nextExponential() * MeanInterArrivalTime);
    sprintf(nameBuffer,"顾客%d 到达事件", CustomerID + 1);
    pEvent ->setName(nameBuffer);
    pSimulator ->scheduleEvent(pEvent);
    pSimulator ->scheduleConditionalEvent(new StartEvent());
}
```

6.5 哲学家就餐问题

6.5.1 面向条件事件的哲学家就餐问题模型

1. 进行系统事件抽象

哲学家就餐问题的离散事件仿真建模参见第5章5.4.1节，其中包含条件事件的进程如图6-6所示。

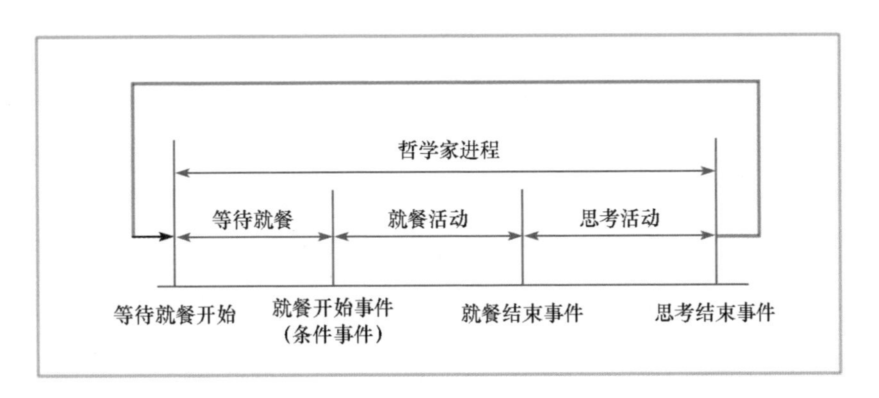

图6-6 哲学家就餐进程

根据进程关系图，哲学家就餐仿真模型包含“思考结束”和“就餐结束”两个确定事件和“就餐开始”条件事件。

2. 进行事件影响分析

确定事件不需要对条件事件进行判断和调度，所以“思考结束”和“就餐结束”这两类确定事件主要负责更新模型状态和调度后续确定事件。图 6 –7和图 6 –8 中分别给出了“思考结束”和“就餐结束”事件发生时的系统状态变化和事件生成逻辑。

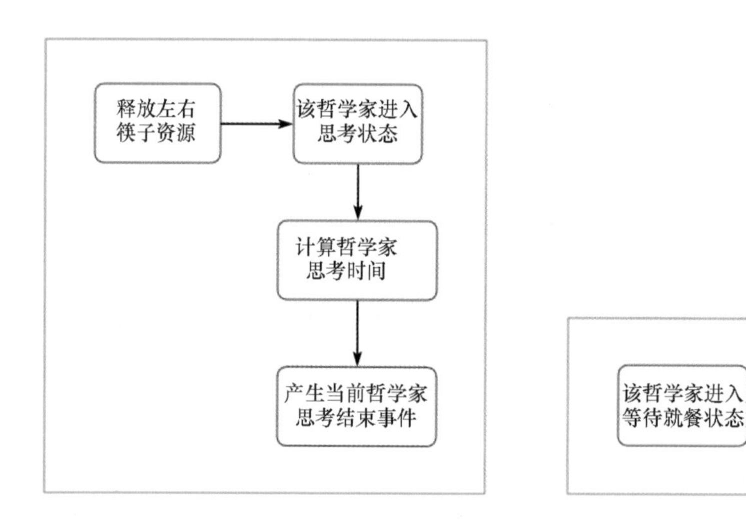

图 6 –7　就餐结束事件处理过程　　图 6. 8　思考结束事件处理过程

根据图 6 –7，某个哲学家“就餐结束”后，该哲学家将释放左右筷子资源，进入思考状态。可根据哲学家的思考时间确定该哲学家思考活动结束时间，从而生成后续“思考结束”事件。该哲学家左右筷子资源的释放会影响到其他处于等待就餐状态的哲学家，可通过扫描每个哲学家的“就餐开始”条件判断该哲学家是否开始就餐。因此，该哲学家“就餐结束”事件处理过程与其他哲学家的“就餐结束”事件无关。

同样，某个哲学家的“思考结束”事件发生后，该哲学家将进入等待就餐状态。该哲学家是否满足就餐条件可以通过扫描“就餐开始”事件判断。

“就餐开始”条件事件处理逻辑如图 6 –9 所示。

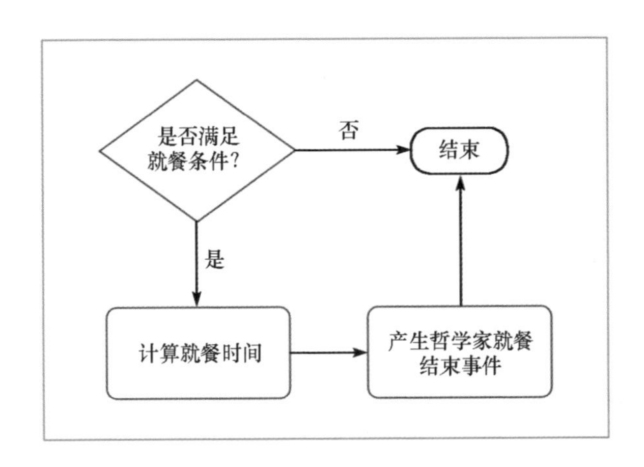

图6-9　就餐开始事件处理过程

等待就餐的哲学家，需要检查其是否满足就餐条件。如果满足，则需要根据这些哲学家的就餐时间产生相应的“就餐结束”事件。

在仿真过程中，只要系统状态变化就会触发“就餐开始”事件的条件判断。一旦被触发，则需删除“就餐开始”事件，同时在该哲学家思考结束时需再次调度该事件，否则将无法捕捉系统的后续状态变化，也无法触发该哲学家后续的“就餐结束”事件。此外，仿真初始化时也需要调度每个哲学家的“就餐开始”事件。

6.5.2　三段扫描法仿真模型

基于 RubberDuck 库的哲学家就餐问题三段扫描法仿真模型见 rubber-duck/examples/Queue3P/Philosopher_3P.h 和 rubber-duck/examples/Queue3P/Philosopher_3P.cpp 文件。

1. 全局变量定义

Philosopher_3P.h 头文件声明了该模型中包含的类对象。

```
typedef struct{
```

```
    int id;
    intstate;
    double awaitStartTime;
    double thinkTime;
    double awaitTime;
} Philosopher;

//就餐开始事件
class StartEatEvent: public EventNotice{
public:
    StartEatEvent( Philosopher * pPhilosopher) ;
    virtual bool canTrigger( Simulator * pSimulator) ;
    virtual void trigger( Simulator * pSimulator) ;
};
//思考结束事件
class ThinkCompleteEvent: public EventNotice{
public:
    ThinkCompleteEvent( Philosopher * pPhilosopher, double time) ;
    virtual void trigger( Simulator * pSimulator) ;
};
//就餐结束事件
class EatCompleteEvent: public EventNotice{
public:
    EatCompleteEvent( Philosopher * pPhilosopher, double time) ;
    virtual void trigger( Simulator * pSimulator) ;
};
```

Philosopher_3P.h 主要给出了 StartEatEvent 类、ThinkCompleteEvent 类和 EatCompleteEvent 类的声明。其中 StartEatEvent 类属于条件事件，需要重载函数 canTrigger( )以判断该哲学家是否可以开始就餐。每个类构造函数的参数为发生该事件的哲学家对象指针 philosopher 和事件发生时间 time。

Philosopher_3P.cpp 的全局声明与第5章的 Philosopher_ES.cpp 相同，这里不再赘述。

2. **类定义**

- EatCompleteEvent 类的相关定义如下：

```
EatCompleteEvent::EatCompleteEvent(Philosopher * pPhilosopher, double time):
EventNotice(time){
setOwner(pPhilosopher);
}

void EatCompleteEvent::trigger(Simulator * pSimulator){
    Philosopher* pPhilosopher = (Philosopher *)getOwner();
    int philosopherID = pPhilosopher->id;
    LEFT_CHOPSTICK(philosopherID) = true;
    RIGHT_CHOPSTICK(philosopherID) = true;
    double t = pSimulator->getRandom()->nextExponential() * THINK_TIME;
    pPhilosopher->thinkTime += t;
    pPhilosopher->state = THINK;
    ThinkCompleteEvent * thinkCompleteEvent = new ThinkCompleteEvent
                                              (pPhilosopher, pSimulator->
                                              getClock() +t);
    sprintf(nameBuffer, "哲学家%d 思考完成事件", philosopherID);
    thinkCompleteEvent->setName(nameBuffer);
    pSimulator->scheduleEvent(thinkCompleteEvent);
    pSimulator->print("CLOCK=%f:\t 哲学家%d 开始思考,结束时刻为%g\n",
                      pSimulator->getClock(), philosopherID,
                      thinkCompleteEvent->getTime());
}
```

EatCompleteEvent 类事件的处理函数仅释放筷子资源和生成该哲学家的 ThinkCompleteEvent 类事件，既不判断处于等待就餐的其他哲学家是否可以就餐，也不调度这些哲学家的“就餐结束”事件。

● ThinkCompleteEvent 类的相关定义如下：

```
ThinkCompleteEvent: : ThinkCompleteEvent ( Philosopher * pPhilosopher, double
time) :
EventNotice( time)
    setOwner( pPhilosopher) ;
}

void ThinkCompleteEvent: : trigger( Simulator * pSimulator) {
    Philosopher * pPhilosopher = ( Philosopher * ) getOwner( ) ;
    pPhilosopher -> state = AWAIT;
    pPhilosopher -> awaitStartTime = pSimulator -> getClock( ) ;
    pSimulator -> scheduleConditionalEvent( new StartEatEvent( pPhilosopher) ) ;
}
```

同样，ThinkCompleteEvent 类的事件处理函数既不判断处于等待就餐的哲学家是否可以就餐，也不调度这些哲学家的“就餐结束”事件，而只是将该哲学家的状态设置为 AWAIT 状态并调度该哲学家的 StartEatEvent 类事件，由该事件判断该哲学家是否可以就餐并调度该哲学家的“就餐结束”事件。

● StartEatEvent 类的相关定义如下：

```
StartEatEvent: : StartEatEvent( Philosopher * pPhilosopher) : EventNotice( -1) {
    sprintf( nameBuffer, "哲学家%d 开始就餐事件", pPhilosopher -> id) ;
    setName( nameBuffer) ;
    setOwner( pPhilosopher) ;
}

bool StartEatEvent: : canTrigger( Simulator * pSimulator) {
```

```
    Philosopher * pPhilosopher = (Philosopher *) getOwner();
    if(pPhilosopher->state == AWAIT && RIGHT_CHOPSTICK(pPhilosopher->id)
                                    && LEFT_CHOPSTICK(pPhilosopher->id)){
        return true;
    }
    return false;
}

void StartEatEvent::trigger(Simulator * pSimulator){
    Philosopher * pPhilosopher = (Philosopher *) getOwner();
    int index = pPhilosopher->id;
    /* No longer waiting for chop sticks */
    RIGHT_CHOPSTICK(index) = false;
    LEFT_CHOPSTICK(index) = false;
    pPhilosopher->state = EAT;
    pPhilosopher->awaitTime += pSimulator->getClock() - pPhilosopher->
                                         awaitStartTime;
    double t = pSimulator->getRandom()->nextExponential() * EAT_TIME;
    EatCompleteEvent * eatCompleteEvent = new EatCompleteEvent(pPhilosopher,
                                              pSimulator->getClock() + t);
    sprintf(nameBuffer,"哲学家%d 就餐完成事件", index);
    eatCompleteEvent->setName(nameBuffer);
    pSimulator->scheduleEvent( eatCompleteEvent );
    pSimulator->print("CLOCK =%f: \t 哲学家%d 开始就餐,结束时刻为%g\
                    n", pSimulator->getClock(), index, eatCompleteEvent->
                    getTime());
}
```

由于 StartEatEvent 类事件属于条件事件，因此其发生时间可以设为任意值，这里设为 -1。StartEatEvent 类事件的函数 canTrigger( )负责判断就餐能否开始。如果满足就餐条件则返回 true，且调用 StartEatEvent 类的函数 trigger( ) 处理该事件。StartEatEvent 类的函数 trigger( ) 只负责生成并调度该哲学家的"就餐结束" EatCompleteEvent 类事件。

3. **模型初始化**

因在初始时刻设定哲学家均处于等待就餐状态，所以必须在初始化函数 Initialization( ) 中调度每个哲学家的 StartEatEvent 类事件。

```
void Initialization( Simulator * pSimulator) {
    for( int i = 0; i < NUM_OF_PHILOS; i ++) {
        chopsticks[ i] = true;
        philosophers[ i]. id = i;
        philosophers[ i]. state = AWAIT;
        philosophers[ i]. thinkTime = 0;
        philosophers[ i]. awaitStartTime = 0;
        philosophers[ i]. awaitTime = 0;
            pSimulator -> scheduleConditionalEvent ( new StartEatEvent ( &
                                                     (philosophers
                                                     [i])));
    }
}
```

6.6 卡车卸货问题的三段扫描法仿真模型

6.6.1 面向条件事件的卡车卸货问题模型

1. **进行系统事件抽象**

卡车卸货问题的离散事件仿真建模参见第 5 章 5.5.1 节。其中包含条件事件的进程如图 6－10 所示。

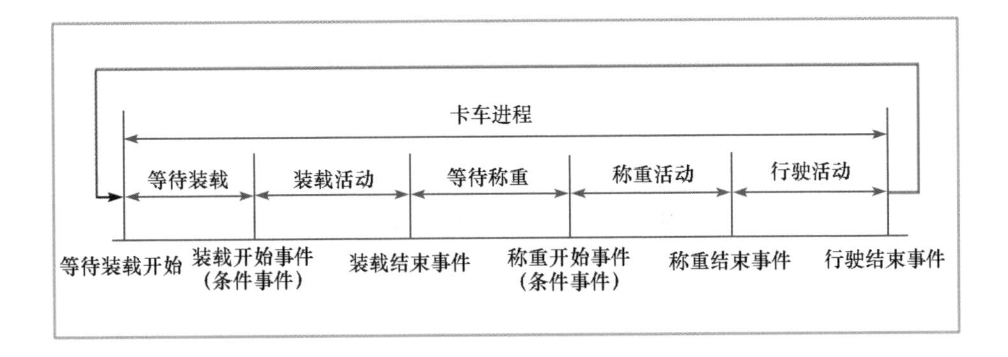

图 6－10　包含条件事件的卡车卸货进程

根据上述进程关系图，卡车卸货问题仿真模型包含“装载结束”“称重结束”“行驶结束”“装载开始”和“称重开始”条件事件。

2. 进行事件影响分析

基于三段扫描法的仿真模型中，确定事件不再对条件事件进行判定和调度，所以“装载结束”“称重结束”和“行驶结束”这三类确定事件主要负责更新模型状态变化和调度后续确定事件。图 6－11、图 6－12 和图 6－13 中分别给出了“装载结束”“称重结束”和“行驶结束”事件发生时的系统状态变化和事件处理逻辑。

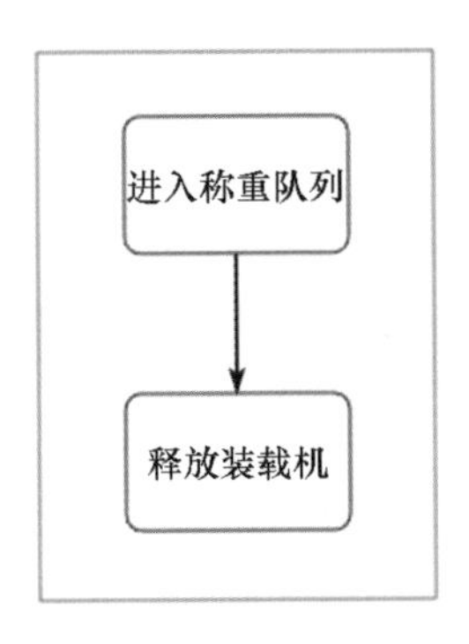

图 6－11　装载结束事件处理过程

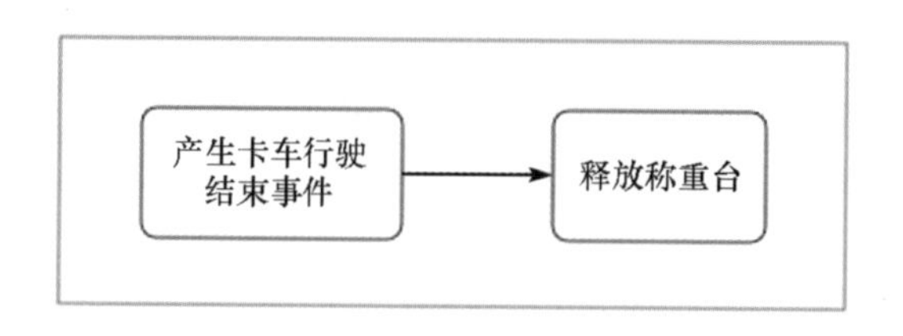

图 6－12 称重结束事件处理过程

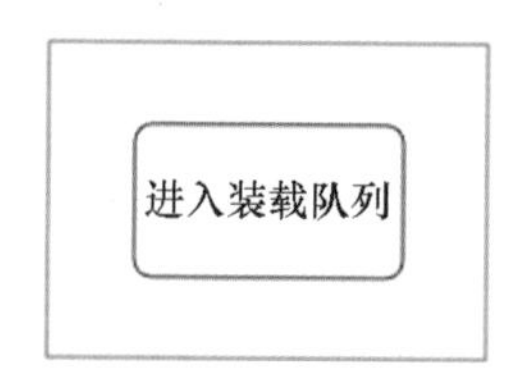

图 6－13 行驶结束事件处理过程

某个卡车的“装载结束”事件发生后，该卡车将进入称重台队列排队等候并释放装载机资源。该卡车是否可以称重，由“称重开始”条件事件判断和处理。其他卡车能否占用该卡车的装载机资源则由“装载开始”条件事件判断和处理。

某个卡车的“称重结束”事件发生后，将产生该卡车的“行驶结束”确定事件并释放称重台。其他卡车是否可以进入称重活动由“称重开始”条件事件判断和处理。

某个卡车的“行驶结束”事件发生后，该卡车将进入装载队列排队等候。该卡车能否占用装载机资源则由“装载开始”条件事件判断和处理。

“装载开始”条件事件处理逻辑如图 6－14 所示。“装载开始”事件判断装载机是否空闲和装载队列中是否包含等候的卡车，如果满足条件将占用装载机并产生“装载结束”确定事件。

“称重开始”条件事件处理逻辑如图 6－15 所示。“称重开始”事件判断称重台是否空闲和称重队列中是否包含等候的卡车，如果满足条件将占用称重台并产生“称重结束”确定事件。

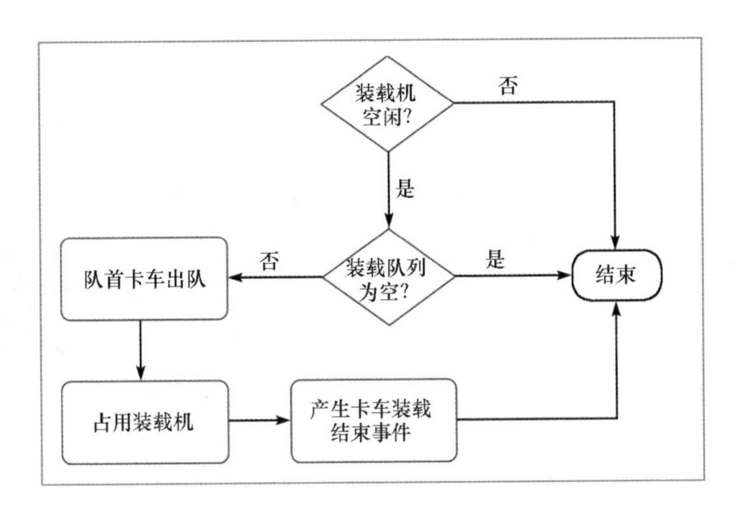

图6－14　装载开始事件处理过程

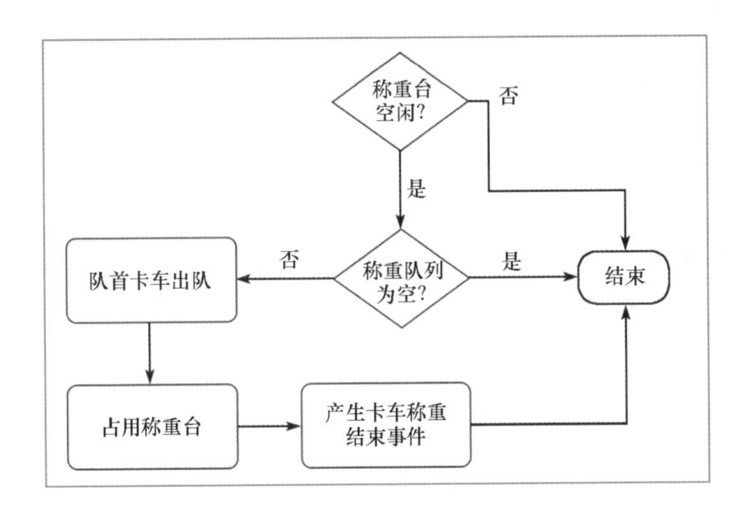

图6－15　称重开始事件处理过程

“称重开始”和“装载开始”事件属于全局条件事件。在仿真过程中，只要系统状态变化就会触发“称重开始”和“装载开始”条件事件判断，从而执行事件处理函数。如果这两个条件事件被删除，则需再次调度该条件事件，否则将无法捕捉系统后续状态变化并触发后续事件。此外，仿真初始化时也需要调度这两个事件。

6.6.2 三段扫描法仿真模型

基于 RubberDuck 库的卡车卸货问题三段扫描法仿真模型见 rubber-duck/examples/DumpTruck_3P/DumpTruck_3P.h 和 rubber-duck/examples/DumpTruck _ 3P/DumpTruck _ 3P. cpp 文件。

DumpTruck_3P.h 头文件声明了该模型中包含的类，定义如下：

```
struct Truck {
    int truckID;
    double beginLoadTime;
    double beginWeighTime;
    Truck( int ID)
    {
        truckID  =  ID;
        beginWeighTime  =  0.;
        beginLoadTime  =  0.;
    }
};

//装载开始事件
class BeginLoadEvent: public EventNotice{
public:
    BeginLoadEvent( ) ;
    virtual bool canTrigger( Simulator  *  pSimulator) ;
    virtual void trigger( Simulator  *  pSimulator) ;
};
```

```
//装载结束事件
class EndLoadEvent: public EventNotice{
public:
    EndLoadEvent(double time, Truck * truck);
    virtual void trigger(Simulator * pSimulator);
};
//称重开始事件
classBeginWeighEvent: public EventNotice{
public:
    BeginWeighEvent();
    virtual boolcanTrigger(Simulator * pSimulator);
    virtual voidtrigger(Simulator * pSimulator);
};

//称重结束事件
class EndWeighEvent: public EventNotice{
public:
    EndWeighEvent(double time, Truck * truck);
    virtual void trigger(Simulator * pSimulator);
};
//转运结束事件
class EndTravelEvent: public EventNotice{
public:
    EndTravelEvent(double time, Truck * truck);
    virtual void trigger(Simulator * pSimulator);
};
```

DumpTruck_3P.h 中：BeginLoadEvent 和 BeginWeighEvent 属于条件事件，需要重载函数 canTrigger( ) 以判断该卡车是否可以开始装载和称重；BeginLoadEvent 和 BeginWeighEvent 属于全局条件事件，其构造函数没有参数；

其他确定事件类构造函数的参数为发生该事件的卡车对象指针 truck 和事件发生时间 time。

DumpTruck_3P.cpp 的全局声明与第 5 章的 DumpTruck_3P_ES.cpp 相同。

- EndLoadEvent 类的相关定义如下：

```
EndLoadEvent::EndLoadEvent(double time, Truck * truck):EventNotice(time) {
    owner = truck;
}

void EndLoadEvent::trigger(Simulator * pSimulator) {
    Truck * pTruck = (Truck *)owner;
    pSimulator->print("CLOCK = %3d: \t 完成了对 Truck %3d 的装载\n",
                     (int)pSimulator->getClock(), pTruck->truckID);

    //进入称重队列
    ScaleQueue.enqueue(pTruck);
    MWQ = max(MWQ, ScaleQueue.getCount());
    //释放一个装载机
    Lt--;

    //计算装载时间
    BL += pSimulator->getClock() - pTruck->beginLoadTime;
}
```

由上可知，EndLoadEvent 类的事件处理函数 triger()通过 Lt-- 操作释放装载机资源，同时将该卡车加入称重队列 ScaleQueue，没有生成其他卡车的装载结束事件和该卡车的称重结束事件，而是通过 BeginWeighEvent 类事件确定卡车能否进入称重活动，通过 BeginLoadEvent 类事件确定卡车能否进入装载活动。

- EndWeighEvent 类的相关定义如下：

```
EndWeighEvent::EndWeighEvent(double time, Truck * truck):EventNotice(time) {
```

```
    owner = truck;
}

void EndWeighEvent: : trigger( Simulator  *  pSimulator) {
    Truck *  pTruck  = (Truck  * ) owner;
    //调度结束转运事件
    const double travelTime  = pSimulator ->getRandom() ->nextDiscrete
                                    ( pTravelTimeCDF) ;
    EndTravelEvent *  pEvent  = new EndTravelEvent( pSimulator ->getClock() +
                                    travelTime, pTruck) ;
    sprintf( nameBuffer, "卡车%d 转运结束事件", pTruck ->truckID) ;
    pEvent ->setName( nameBuffer) ;
    pSimulator ->scheduleEvent( pEvent) ;
    //称重台空闲
    Wt  = 0;

    //计算称重时间
    BS + = pSimulator ->getClock()  - pTruck ->beginWeighTime;
    pSimulator ->print( "CLOCK =%3d: \ t 完成了对 Truck %d 的称重, 开始转运, 转
                        运结束时间为%d \ n", (int) pSimulator ->getClock(),
        pTruck ->truckID, ( int) pEvent ->getTime()) ;
}
```

由上可知，EndWeighEvent 类的事件处理函数 triger( ) 不负责判断卡车是否可以称重并调度卡车的“称重结束”事件，只是设置 Wt = 0 释放称重台资源并调度该卡车的“行驶结束”事件。由 BeginWeighEvent 决定卡车能否进入称重活动。

● EndTravelEvent 类的相关定义如下：

```
EndTravelEvent: : EndTravelEvent( double time, Truck  *  truck) : EventNotice( time) {
    owner = truck;
```

```
}

void EndTravelEvent: : trigger( Simulator * pSimulator) {
    Truck * pTruck = ( Truck * ) owner;
    //卡车进入装载队列
    LoaderQueue. enqueue( pTruck) ;
    MLQ = max( MLQ, LoaderQueue. getCount( ) ) ;
    pSimulator ->print( "CLOCK = %3d: \ tTruck %d 完成了转运 \ n", ( int)
                    pSimulator ->getClock( ) , pTruck ->truckID) ;
}
```

同样，EndTravelEvent 类事件处理函数 triger( )既不负责判断卡车是否可以装载，也不负责调度卡车“装载结束”事件，而只是负责将该卡车加入装载队列 LoaderQueue。由 BeginLoadEvent 决定卡车能否进入装载活动。

● BeginLoadEvent 类的相关定义如下：

```
BeginLoadEvent: : BeginLoadEvent( ) : EventNotice( -1) {
    setName( "开始装载事件") ;
    reserved = true;
}

bool BeginLoadEvent: : canTrigger( Simulator * pSimulator) {
    if( LoaderQueue. getCount( ) > 0 && Lt < 2) {
        return true;
    }
    return false;
}

void BeginLoadEvent: : trigger( Simulator * pSimulator) {
    //队首卡车
    Truck * loaderTruck = LoaderQueue. dequeue( ) ;
```

```
    loaderTruck ->beginLoadTime = pSimulator ->getClock();

    //占用一个装载机
    Lt ++;

    //调度其结束装载事件
    const double LoadTime = pSimulator ->getRandom() ->nextDiscrete
                                (pLoadingTimeCDF);
    EndLoadEvent * pEvent = new EndLoadEvent(pSimulator ->getClock() +
                                LoadTime, loaderTruck);
    sprintf(nameBuffer,"卡车%d装载结束事件", loaderTruck ->truckID);
    pEvent ->setName(nameBuffer);
    pSimulator ->scheduleEvent(pEvent);

    pSimulator ->print("CLOCK =%3d: \tTruck %d 开始装载,结束时间为%d
                        \n",
                        (int) pSimulator ->getClock(), loaderTruck ->truckID,
                        (int)
                        pEvent ->getTime());
    pSimulator ->scheduleConditionalEvent(this);
}
```

BeginLoadEvent 类事件属于条件事件，因此其发生时间可以设为任意值，这里设为 -1。BeginLoadEvent 类事件的函数 canTrigger( )负责判断装载活动能否开始。如果装载队列不空且装载机空闲则 canTrigger( )返回 true，此时将调用 BeginLoadEvent 类 trigger( )处理该事件。trigger( )首先获得等待装载队列 LoaderQueue 的队首卡车，然后通过 Lt ++ 表示占用一个装载机，最后生成该卡车的“装载结束”事件。为使 BeginLoadEvent 类事件触发后能够再次进入条件事件列表进行调度，其 trigger( )还需要通过 scheduleConditionalEvent( )再次调度 BeginLoadEvent 类条件事件。

- **BeginWeighEvent 类的相关定义如下：**

```
BeginWeighEvent::BeginWeighEvent():EventNotice(-1){
    setName("开始称重事件");
    reserved = true;
}

bool BeginWeighEvent::canTrigger(Simulator * pSimulator){
    if(ScaleQueue.getCount() >0 && Wt == 0){
        return true;
    }
    return false;
}

void BeginWeighEvent::trigger(Simulator * pSimulator){
    //占用 Scale
    Wt = 1;

    //队首卡车
    Truck * weighingTruck = ScaleQueue.dequeue();
    weighingTruck->beginWeighTime = pSimulator->getClock();

    //调度其结束称重事件
    const double weighTime = pSimulator->getRandom()->nextDiscrete
                                (pWeighingTimeCDF);
    EndWeighEvent * pEvent = new EndWeighEvent(pSimulator->getClock() +
                                weighTime, weighingTruck);
    sprintf(nameBuffer,"卡车%d 称重结束事件", weighingTruck->truckID);
    pEvent->setName(nameBuffer);
    pSimulator->scheduleEvent(pEvent);
    pSimulator->print("CLOCK=%3d:\tTruck %d 开始称重,结束时间为%d\n",
```

```
                    (int) pSimulator ->getClock(), weighingTruck ->truckID,
                    (int)(pEvent ->getTime()));
        pSimulator ->scheduleConditionalEvent(this);
    }
```

BeginWeighEvent 类事件属于条件事件，因此其发生时间可以设为任意值，这里设为 -1。BeginWeighEvent 类事件的函数 canTrigger()负责判断称重活动能否开始，如果 canTriger()返回 true，则调用 BeginWeighEvent 类 trigger()。trigger()首先获得等待称重队列 ScaleQueue 的队首卡车，然后通过设置 Wt =1 表示占用称重台，最后生成该卡车的“称重结束”事件。为使 BeginWeighEvent 类事件被触发后能够再次进入条件事件列表进行调度，其 trigger()还需要通过 scheduleConditionalEvent()再次调度 BeginWeighEvent 类条件事件。

由于 BeginLoadEvent 类事件和 BeginWeighEvent 类事件都属于全局条件事件，因此必须在初始化函数 Initialization()中调度这两个条件事件。

● Initialization 函数定义如下：

```
void Initialization(Simulator * pSimulator){
    //第 1 辆卡车
    Truck * truck1 = new Truck(1);
    EventNotice * pEvent = new EndWeighEvent(pSimulator ->getClock() +
                        pSimulator ->getRandom() ->nextDiscrete
                        (pWeighingTimeCDF), truck1);
    sprintf(nameBuffer, "卡车%d 称重结束事件", truck1 ->truckID);
    pEvent ->setName(nameBuffer);
    pSimulator ->scheduleEvent(pEvent);
    //称重台占用
    Wt = 1;

    //第 2 辆卡车
    Truck * truck2 = new Truck(2);
```

```
    pEvent = new EndLoadEvent(pSimulator->getClock() + pSimulator->
              getRandom()->nextDiscrete(pLoadingTimeCDF), truck2);
    sprintf(nameBuffer, "卡车%d 装载结束事件", truck2->truckID);
    pEvent->setName(nameBuffer);
    pSimulator->scheduleEvent(pEvent);

    //第3辆卡车
    Truck * truck3 = new Truck(3);
    pEvent = new EndLoadEvent(pSimulator->getClock() + pSimulator->
              getRandom()->nextDiscrete(pLoadingTimeCDF), truck3);
    sprintf(nameBuffer, "卡车%d 装载结束事件", truck3->truckID);
    pEvent->setName(nameBuffer);
    pSimulator->scheduleEvent(pEvent);

    //装载车占用
    Lt = 2;

    //第4,5,6辆卡车
    LoaderQueue.enqueue(new Truck(4));
    LoaderQueue.enqueue(new Truck(5));
    LoaderQueue.enqueue(new Truck(6));

    //称重队长
    MWQ = 0;

    //装载队长
    MLQ = LoaderQueue.getCount();

    pSimulator->scheduleConditionalEvent(new BeginLoadEvent());
    pSimulator->scheduleConditionalEvent(new BeginWeighEvent());
}
```

6.7 小结

在事件调度法中，对条件事件是否发生的判断由建模者完成。这虽然提高了算法效率，但同时也增加了建模者的负担。因此，事件调度法的模型实现比较困难，而且不易维护。

在三段扫描法中，条件事件被显式调度，这降低了确定事件处理逻辑的复杂性，更加适合面向活动的仿真模型设计。实体活动间的关系可以由活动开始事件和活动结束事件中的条件事件进行比较清晰、独立的描述，使得建模者可以把注意力集中在条件满足后所要完成的动作上。相对于事件调度法，三段扫描法适用于构建规模较大的仿真建模，而且特别适用于资源调度需要逻辑判断且调度关系比较复杂的系统建模。与之相比，面向事件的仿真模型将条件判断隐含于事件例程之中，无需对条件事件进行反复测试，因此效率较高，但导致事件例程比活动例程更为复杂，对其修改和调试都相对复杂一些。

基于三段扫描仿真策略，RubberDuck 提供了面向条件事件的仿真调度机制，该机制还可以适应面向进程的仿真调度。

练习

1. 到达和离开事件没有设置事件所属对象，这样设计的缺点是什么？
2. 修改 StartEvent 类事件对象，保证仿真运行中不需要通过 DepartureEvent 类事件反复调度该条件事件。
3. 修改 StartEvent 类事件对象和服务台状态表示，使 Queue_3P 仿真模型适应单队列多服务台排队系统模型。
4. 修改本章所述哲学家就餐问题中的 StartEatEvent 类事件，使其不需要通过 ThinkCompleteEvent 类事件调度该事件。

5. 修改本章所述哲学家就餐问题中的 StartEatEvent 类事件，使其成为所有哲学家的条件事件，使其不需要通过 ThinkCompleteEvent 类事件调度该事件。
6. 本章所述卡车卸货问题中的条件事件属于全局事件，将其改为面向称重台和装载机的局部条件事件。

第7章

进程交互法仿真模型设计

在事件调度法和三段扫描法中，主要通过事件和活动表示仿真模型，而事件和活动则一般通过对系统实体的进程进行分析来确定，其基本模型单元分别是确定事件例程和条件事件例程，各个例程都是独立存在的，都是针对事件逻辑而建立的。如果不仔细分析梳理这些事件例程之间的影响关系，将很难理解模型中的内在逻辑关系。而且，随着模型规模的增长，对模型的理解、修改、测试和分析将面临巨大挑战。显然，通过实体进程表示离散事件仿真模型，将会使模型设计更加简洁和自然，更易于理解，这将大大降低模型维护和使用的难度。进程交互法就是一种面向进程的仿真模型设计方法。

7.1 进程交互法仿真策略

进程交互法最早出现在GPSS、SIMULA等仿真语言中，其基本模型单元是进程。进程与事件例程的概念有着本质的区别：事件例程针对单个事件而建立，而进程针对实体生命周期而建立，因此进程要处理实体随仿真运行所发生的所有事件（包括确定事件和条件事件）。

在第5章中，首先通过实体、进程和活动来分析系统中的事件类型，例如单通道排队系统中，顾客实体的进程主要包括以下活动：

（1）顾客到达；

（2）排队等候，直到位于队首；

（3）进入服务通道；

（4）停留于服务通道之中，直到接受服务完毕离去。

在仿真运行过程中，可能涉及多个实体，每个实体都对应一个特定的进程。在不同仿真时刻，这些实体可能处于自身进程的不同活动中。图 7－1 中给出了单通道排队系统中的某一仿真时刻的进程快照。

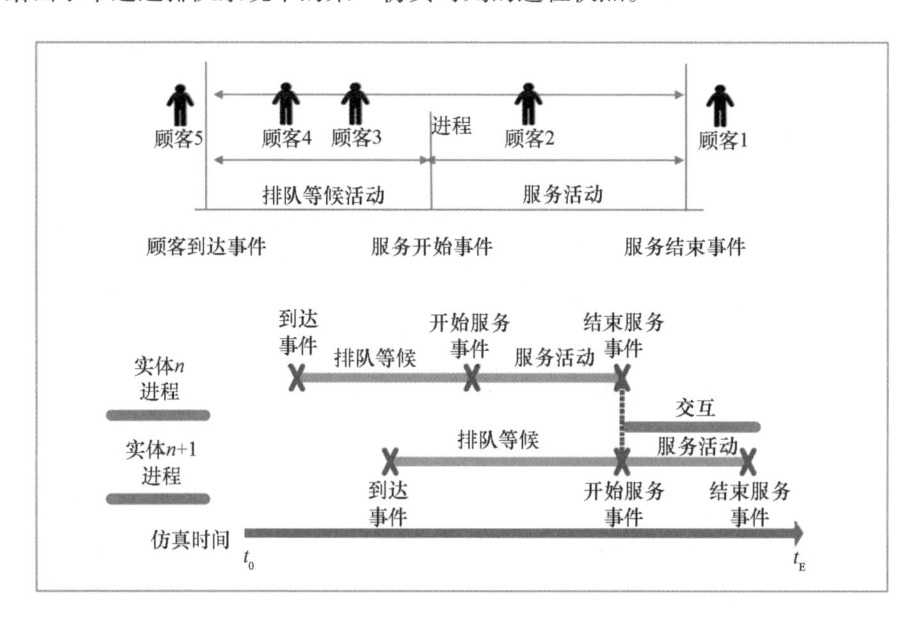

图 7－1　单通道排队系统进程快照

在上述单通道排队系统的仿真过程中，有的顾客可能处于顾客到达活动（如顾客 5），有的顾客处于排队等候状态（如顾客 4 和顾客 3），有的顾客处于接受服务活动（如顾客 2），还有顾客处于离开活动（如顾客 1）。在面向进程的仿真运行中，这些进程中的活动必须随仿真时钟不断向前推进，其发生和结束必须受仿真时钟和模型状态的约束。图 7－1 中也包含了这些进程活动推进的概念示意图。

随着仿真时钟推进，应该如何确定调度哪一个顾客，使其沿自身进程活动序列进入下一活动呢？显然，这种活动调度不能违反时间上的因果关系，即必须确保开始时间早的活动先发生，开始时间晚的活动后发生。如果在仿真推进中开始时间晚的实体进程活动先调度发生，将会导致系统后续状态变化的混乱。

根据进程、活动和事件之间的关系，活动的开始和结束都由事件进行标识。在仿真运行过程中，一旦某个活动开始事件发生，仅需要通过活动持续时间即可判断活动结束时间，即确定活动结束事件的发生时间。该活动结束事件也表示进程中下一活动的开始。因此可以根据不同进程中当前活动的持续时间或延迟时间确定应该先结束哪些当前活动，使其进入进程序列中的下一活动。这样就可以基于活动结束事件的时间，采用事件调度法调度不同进程序列中的活动。

综上，在面向进程的仿真中，进程是仿真模型的基本单元，只要获得进程的下一活动延迟信息即可预知该进程下一活动的开始或结束时间，将其作为该进程下一活动开始事件或结束事件的时间，采用事件调度策略根据最早发生时间事件调度下一活动的开始和结束。一旦仿真运行调度结束某个进程当前活动并开始下一活动，那么该进程将按照其已确定的活动序列推进至下一活动。如果当前活动需要持续一段时间或发生延迟，则该进程将不能继续推进，需将当前活动延迟信息反馈给仿真运行控制，继而通过与其他进程的当前活动结束时间进行比较确定下一个可以调度的进程。因此在进程交互法中，一旦某个实体的进程可以调度，那么该进程就将沿自身的活动序列向前推进，直到发生某些延迟才会暂时锁住，并将控制权交回仿真运行控制，由其调度下一步的进程执行。上述进程推进过程中，进程同时也会根据模型语义改变模型状态。

进程中的活动延迟（活动持续时间）一般包括两种：

（1）无条件延迟：在无条件延迟中，进程处于某一个活动，直到满足预先确定的延迟时限才推进至下一活动。例如，处于服务通道中的顾客直到服务结束才能离开，仿真时钟将推进至该顾客服务活动结束时间。

（2）条件延迟：在条件延迟中，进程停留在某一个活动，直到某些条件得以满足才能进入下一活动。条件延迟时限的长短与系统状态有关，延迟何时结束事先无法确定。例如，处于等待队列中的顾客直到前一个顾客的服务结束才能接受服务。

在仿真运行过程中，随仿真时钟推进，活动延迟结束的进程将按照活动序列继续推进其活动延迟结束在进程活动序列中的位置，即该进程继续推进的起点。该位置一般称为进程复活点（如图 7－2 所示），活动延迟结束时间则为复活时间。由于同一时刻一个进程只能停留在一个活动，因此对于一个进程只能预测其当前活动的下一个复活点。

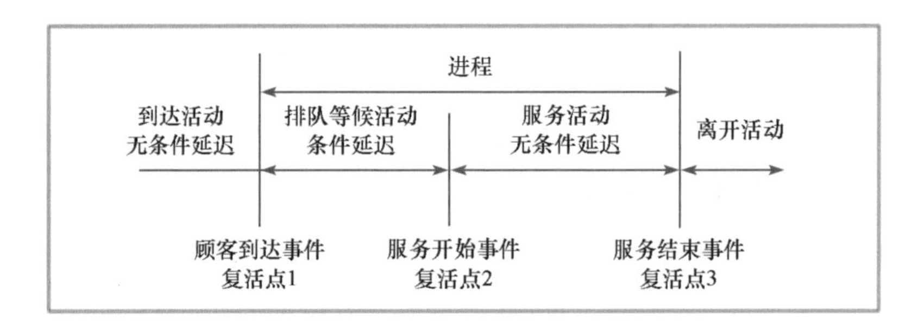

图 7－2　单通道排队系统进程复活点

例如，单通道排队系统的顾客进程中，“顾客到达”事件为到达活动结束时的位置，为下一个排队等候活动开始事件，也是到达活动结束时的复活点；“服务开始”事件为排队等候活动结束时的位置，为下一个服务活动开始事件，也是排队等候活动结束时的复活点；“服务结束”事件为服务活动结束时的位置，为下一个离开活动开始事件，也是服务活动结束时的复活点。离开活动为进程结束活动，当进程推进至离开活动时，该进程将结束不再参与仿真运行。

进程交互法的基本思想是，根据所有进程中最早复活活动的无条件延迟时间来推进仿真时钟。当仿真时钟推进至一个新的时刻后，如果某一实体进程解锁，则将该实体进程从当前复活点一直推进至下一次延迟发生为止。

进程的条件延迟类似于三段扫描法中的条件事件。可将处于无条件延迟的进程看作确定事件，处于条件延迟的进程看作条件事件，这样就可以采用三段扫描策略进行进程调度。进程交互法与三段扫描法的主要区别在于调度的模型单元不再是事件而是进程。进程交互算法如图7-3所示。

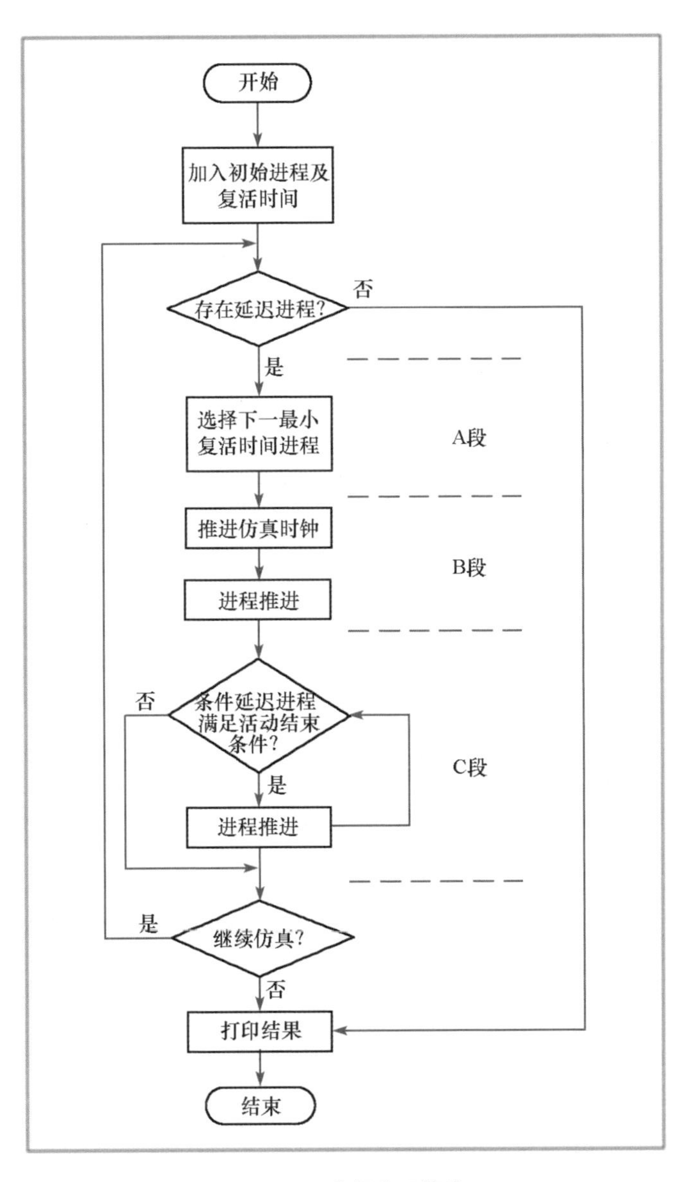

图7-3 进程交互算法

7.2 进程交互仿真模型设计

在使用进程交互法设计仿真模型时，不一定对所有实体都进行进程描述。例如，在单通道排队系统中，只需给出顾客进程就可以描述所有事件的处理流程。这是因为仅用顾客进程就可以表示单通道排队系统中所需要的全部模型。如果基于服务台进程表示单通道排队系统，将从另外的视角和观点建立系统模型。

进程交互仿真模型设计与第 5 章基于事件的建模过程基本一致，只需要将“进行系统事件抽象”改为“进行系统进程表示”，将“进行事件影响分析”改为“进行进程影响分析”。

1. 进行系统进程表示

系统进程表示需要确定系统中包含的进程和进程中包含的活动序列，分析确定这些活动属于无条件延迟活动还是条件延迟活动，并明确这些活动的复活点。

2. 进行进程影响分析

主要分析确定每个进程在复活时系统模型状态将如何变化、进程如何按照活动序列向前推进，分析确定下一个复活点和复活时间，确定是否会产生新的其他进程。通过进程不同复活点的处理逻辑图可以准确表示每个进程复活时的处理过程。

一般通过“进程—活动—事件”进行事件分析。当建立了完整的基于事件的仿真模型时，很容易将其转换为进程交互仿真模型。因为其中的复活点一般为确定事件或条件事件，这些事件发生的影响关系也代表了相应的进程影响分析。由于后续相关仿真模型示例在第 5 章已进行了模型分析，下面仅简单讨论“进行系统进程表示”和“进行进程影响分析”。

在进程交互法仿真模型设计中，进程是模型的基本单元。仿真运行控制系统（仿真引擎）能够根据进程的活动延迟和复活时间调度进程，更新系统模型状态，推进进程执行。目前，主要采用两种方法实现进程的计算机表示：

（1）程序例程。与事件处理例程类似，程序例程方法是采用传统的计算机函数表示进程。每次进程推进，需要由该函数根据当前复活点执行模型状态计算和下一活动推进，并返回下一包含延迟活动结束时的复活点和复活时间。SLAM 以及 RubberDuck 采用基于程序例程的进程交互仿真模型框架。

（2）进程例程。与程序例程不同，进程例程方法采用一种可以被暂停或中断的计算机函数表示进程。不同于一般的计算机函数，进程例程被调用时一般不会立刻返回。进程例程如果在执行过程中发生时间延迟，则会被挂起，控制权交回仿真运行控制系统。如果仿真时钟推进至该进程的复活时间，仿真运行控制系统可以再次调度该进程函数，该进程函数将从上次中断的位置继续执行。SIMSCRIPT、OMNET 等仿真平台采用该方法支持进程仿真模型设计与开发。

7.3 基于 RubberDuck 的进程交互仿真模型设计

RubberDuck 采用了 Simulator 类的 FEL 和 CEL 调度进程。其中，FEL 中的进程需要满足两个条件：

（1）进程被锁住（处于延迟中）；

（2）被锁进程的复活时间是已知的。

FEL 存放的是无条件延迟的进程对象；CEL 存放的是有条件延迟的进程对象，CEL 含有被锁且只有当某些条件满足时方能解锁的进程。

根据图 7－3，RubberDuck 在执行进程交互仿真时包含三个步骤：

（1）扫描 FEL：从 FEL 中检出复活时间最早的进程，并将仿真时钟推进至该进程的复活时间。

（2）执行进程推进：将最早复活时间进程从其复活点开始向前推进，直到进程被锁定。如果该进程返回无条件延迟，则重新加入 FEL，否则该进程进入 CEL。

（3）扫描 CEL：如果 CEL 中的进程满足复活条件，则从其复活点开始向前推进，直到进程被锁定。如果该进程返回无条件延迟，则将其重新加入 FEL，否则将其加入 CEL。重复扫描 CEL，直到任何处于条件延迟的进程均无法推进为止。

RubberDuck 采用 ProcessNotice 类表示进程对象。ProcessNotice 类继承于 EventNotice 类，可以由 Simulator 类对象通过 FEL 和 CEL 调度推进进程。ProcessNotice 类定义了三个属性：phase、activateTime 和 terminated。

（1）phase 表示当前进程复活点，由进程推进函数根据 phase 值确定进程后续如何推进。

（2）activateTime 表示进程复活时间，该时间值由进程推进函数返回。

（3）terminated 表示当前进程是否运行或终止，如果为 true 表示进程结束，仿真运行控制将删掉该进程，不再参与仿真运行。

ProcessNotice 类还定义了纯虚函数 runToBlocked( )、isConditionalBlocking( ) 和 getPhaseName( )，用于支持进程模型设计。

（1）runToBlocked( ) 为进程复活后的推进函数，该函数返回该进程复活时间。对于 ProcessNotice 类进程：如果其 terminated 为 false，且复活时间小于 0，则表示该进程处于条件延迟状态，将进入 CEL；如果其 terminated 为 false，且复活时间大于 0，则该进程处于无条件延迟状态，将进入 FEL；如果其 terminated 为 true，则表示该进程运行结束，将被删除。

（2）isConditionalBlocking( ) 为进程处于条件延迟时的判断函数。isConditionalBlocking( ) 返回 true，表示进程仍处于条件延迟状态；isConditionalBlocking( ) 返回 false，表示延迟条件满足，进程可以复活推进，将调用函数 runToBlocked( )。

（3）getPhaseName( ) 获得当前复活点名称，便于仿真运行时的跟踪打印。

ProcessNotice 类继承了 EventNotice 类的事件处理函数 trigger( ) 和条件事件判断函数 canTrigger( )，通过调用 isConditionalBlocking( ) 和 runToBlocked( ) 实

现进程的复活和推进。

基于 RubberDuck 库设计进程交互仿真模型时，需要重载上述三个纯虚函数。重载 runToBlocked( )一般使用 switch 语句描述在不同复活点下进程复活时的系统状态变化，并设置 phase 为下一复活点，返回其复活时间；重载 isConditionalBlocking( ) 执行处于条件延迟的复活点的复活判断；重载 getPhaseName( )返回当前复活点名称。

此外，Simulator 类提供了几个面向进程交互仿真的快捷函数：

（1） activate( )，激活无条件延迟进程，该进程将进入 FEL 参与仿真运行；

（2） await( )，调度条件延迟进程，该进程将进入 CEL 参与仿真运行；

（3） suspend( )，挂起进程，该进程将停止参与仿真运行；

（4） resume( )，恢复进程执行，该进程将置入 FEL 重新参与仿真运行。

下面，通过对前述排队系统、哲学家就餐问题和卡车卸货问题的进程交互仿真模型实现，说明基于 RubberDuck 库的进程交互仿真模型设计与实现方法。

7.4 排队系统的进程交互仿真模型

7.4.1 面向进程的排队系统模型

排队系统的离散事件仿真建模参见第 5 章 5.3.4 节内容。

1. 进行系统进程表示

单服务台排队系统中包含活动、确定延迟、条件延迟和复活点的顾客进程，如图 7－4 所示。

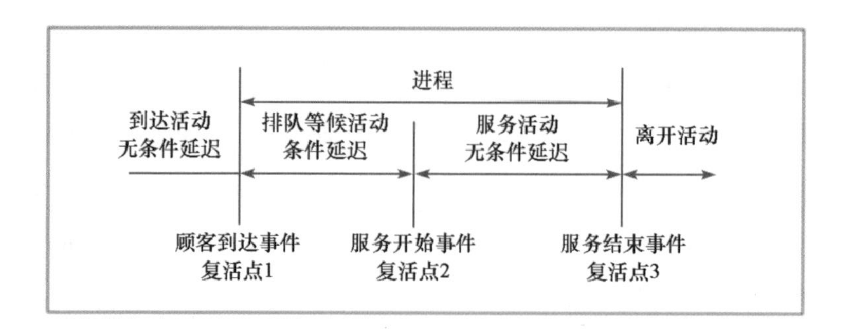

图 7－4　排队系统进程复活点

根据图 7－4，排队系统仿真模型中的顾客进程包含“到达活动”“排队等候活动”“服务活动”和“离开活动”，其中“排队等候活动”为条件延迟，“顾客到达”“服务开始”和“服务结束”为三个复活点。

2. 进行进程影响分析

顾客进程属于简单的串行活动序列，相关复活点及处理逻辑如下。

（1）“顾客到达”。顾客进程初始活动为“到达活动”，属于无条件延迟活动，复活点为“顾客到达”。当进程推进至“顾客到达”复活点时，顾客“到达活动”结束，此时该顾客将进入等候队列且其进程将推进至“排队等候活动”，复活点为“服务开始”。此外，还可以根据到达时间间隔产生下一顾客进程并确定该顾客进程的复活时间。

（2）“服务开始”。“排队等候活动”为条件延迟活动，当顾客处于队首且服务台空闲时才能结束其“排队等候活动”，并进入“服务活动”。当满足服务开始条件时，进程将该顾客移出等候队列、设置服务台为忙，并根据该顾客服务时间确定进程复活时间，其下一个复活点为“服务结束”。

（3）“服务结束”。“服务活动”为无条件延迟，进程推进至“服务结束”后，将设置服务台为闲并终止进程运行。

在仿真过程中，只要系统状态变化就会触发处于等待队列的顾客的“服务开始”复活点的条件延迟判断，直到其被触发为止。此外，仿真初始化时需要调度并激活第一个顾客进程。

7.4.2 基于 RubberDuck 的进程交互仿真模型

基于 RubberDuck 的排队系统进程仿真模型见 rubber-duck/examples/QueuePI/Queue_PI.cpp 文件。

"码"上有代码

1. 全局变量定义

与 Queue_3P.cpp 相比，Queue_PI.cpp 主要声明了该模型中包含的复活点和进程类对象。

```
#define ARRIVAL       1      //顾客到达复活点
#define DEPARTURE     2      //服务结束复活点
#define START         3      //服务开始复活点
```

这里采用 ARRIVAL、DEPARTURE 和 START 宏定义声明了“顾客到达”复活点、“服务结束”复活点和“服务开始”复活点。

2. 进程类对象

Queue_PI.cpp 定义了顾客进程类 Customer：

```
class Customer: public ProcessNotice{
public:
    int id; //属性: CustomerID
    doublearrivalTime; //属性: 到达时间
    //time 复活时间
    Customer( double time) : ProcessNotice( time, ARRIVAL) {
        arrivalTime = time;
        id = CustomerID ++;
        sprintf( nameBuffer, "顾客%d", id) ;
        setName( nameBuffer) ;
    };
```

```
//获得当前复活点名称
virtual const char * getPhaseName(){
    switch(phase){
        case ARRIVAL: //到达复活点
            return "顾客到达";
        case START://服务开始复活点
            return "服务开始";
            case DEPARTURE://服务结束复活点
                return "结束";
    }
    return 0;
};

//进程推进函数,进程复活后的推进函数,返回复活时间
virtual double runToBlocked(Simulator * pSimulator){
    switch(phase){
        case ARRIVAL: //顾客到达复活点
            return Arrival(pSimulator);
        case START://服务开始复活点
            return Start(pSimulator);
        case DEPARTURE://服务结束复活点
            return Departure(pSimulator);
    }
    return 0;
};

//[顾客到达]复活点进程推进
double Arrival(Simulator * pSimulator){
    arrivalTime = pSimulator->getClock();
    customers.enqueue(this);
```

```
    QueueLength ++;

    queueLengthAccum. update( QueueLength, pSimulator ->getClock( ) );

    //其次调度下一顾客的到达事件
    double nextArrivalInterval  = stream ->nextExponential( ) *
                                    MeanInterArrivalTime;
    Customer * customer  = new Customer( pSimulator ->getClock( ) +
                                  nextArrivalInterval) ;
    pSimulator ->activate( customer) ;
    //进入条件延迟,下一复活点为服务开始
    phase = START;
    return  -1;
};

//[服务开始]复活点进程推进
doubleStart( Simulator  *  pSimulator) {
    double serviceTime;
    // get the job at the head of the queue
    while( ( serviceTime  = stream ->nextNormal( MeanServiceTime, SIGMA) ) <0) ;
    double departTime  = pSimulator ->getClock( )  + serviceTime;
    CustomerInService  = customers. front( ) ;
    QueueLength --;
    busyAccum. update( 1, pSimulator ->getClock( ) ) ;
    //进入无条件延迟,复活点为服务结束
    phase = DEPARTURE;
    returndepartTime;
};

//[服务结束]复活点进程推进
double Departure( Simulator  *  pSimulator) {
```

```
            customers. dequeue( ) ;
            CustomerInService  =  NULL;
            double response  =  ( pSimulator ->getClock( )  - arrivalTime) ;
            responseTally. update( response, pSimulator ->getClock( ) ) ;
            if(  response  >  4. 0  )  LongService  ++;  // record long service
            NumberOfDepartures  ++;
            if( NumberOfDepartures  > =  TotalCustomers) {
                pSimulator ->stop( ) ;
            }
            busyAccum. update( 0, pSimulator ->getClock( ) ) ;
            //进程结束
            terminated = true;
            return  -1;
        } ;

        //如果进程处于条件延迟状态,确定当前进程延迟条件是否满足
        virtual bool isConditionalBlocking( Simulator  *  pSimulator) {
            //判断是否处于开始服务条件延迟
            if( phase  = =  START) {
                if( customers. front( )   = =  this && CustomerInService  = =  NULL) {
                    return false;
                }
                return true;
            }
            return false;
        } ;
    }
```

Customer 类派生于 ProcessNotice 类。Customer 类的构造函数设置了该顾客进程的 arrivalTime、id 和进程名称，并通过 ProcessNotice 类构造函数设置初始复

活点为 ARRIVAL。Customer 类重载了 ProcessNotice 类的函数 getPhaseName( )，采用 switch 语句返回不同复活点的名称字符串。

Customer 类重载了 ProcessNotice 类的进程推进函数 runToBlocked( )，该函数采用 switch 语句描述复活后不同复活点的处理例程，并设置下一复活点和复活时间。其中，复活点 ARRIVAL 调用函数 Arrival( )进行处理；复活点 DEPARTURE 调用函数 Departure( )进行处理；复活点 START 调用函数 Start( )进行处理。

函数 Arrival( )计算过程如下：

（1）设置顾客进程到达时间；

（2）将当前顾客进程加入等待队列，改变队列长度状态并更新队列长度统计；

（3）根据到达时间间隔激活下一顾客进程；

（4）设置当前顾客进程的复活点为 START（服务开始），由于该复活点对应于条件延迟“排队等候活动”，所以复活时间返回 -1。

函数 Start( )在顾客进程满足条件延迟时被调用，其计算过程如下：

（1）根据服务时间计算该进程的复活时间 departTime；

（2）该顾客进程处于等候队列的队首，设置当前服务顾客为当前顾客进程，更新服务台工作效率统计；

（3）设置当前顾客进程的下一复活点为 DEPARTURE（服务结束），由于该复活点对应于无条件延迟“接受服务”，所以复活时间返回 departTime。

函数 Departure( )计算过程如下：

（1）将当前顾客从等候队列中移除；

（2）设置当前服务顾客 CustomerInService 为 NULL，表示服务台空闲；

（3）进行相应的仿真结果统计，更新服务台工作效率统计；

（4）该复活点为顾客进程的最后一个复活点，当前顾客进程结束，设置 terminated 为 true，并返回复活时间为 -1，仿真引擎将删除该顾客进程对象。

函数isConditionalBlocking( )用于判断顾客进程处于 START 复活点时的延迟判断。当顾客处于队首且服务台空闲时，顾客进程复活，其 isConditionalBlocking( )返回 false。

3. 进行初始化

由于采用进程表示顾客对象，所以初始化函数 Initialization( )将激活第一个顾客进程。

```
void Initialization( Simulator * pSimulator) {
    QueueLength = 0;
    CustomerInService = NULL;
    NumberOfDepartures = 0;
    LongService = 0;
    Customer * customer = new Customer( pSimulator ->getClock( ) +stream
                                  ->
                                  nextExponential( ) * MeanInterArrivalTime) ;
        pSimulator ->activate( customer) ;
}
```

7.5 哲学家就餐问题的进程交互仿真模型

7.5.1 面向进程的哲学家就餐问题系统模型

哲学家就餐问题的离散事件仿真建模参见第 5 章 5.4.1 节内容。

1. 进行系统进程表示

哲学家就餐问题中包含活动、确定延迟、条件延迟和复活点的哲学家进程，如图 7－5 所示。

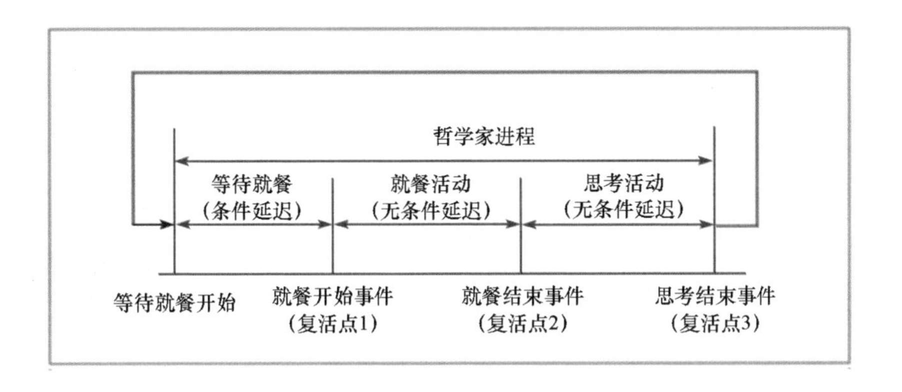

图7-5　哲学家进程复活点

根据图7-5，哲学家就餐问题中的进程包含“等待就餐”“就餐活动”“思考活动”，其中“等待就餐”为条件延迟，“就餐开始”“就餐结束”“思考结束”为三个复活点。

2. 进行进程影响分析

哲学家进程属于简单的串行活动序列，相关复活点及处理逻辑如下。

（1）“就餐开始”：“等待就餐”活动为条件延迟活动，当该哲学家左右筷子资源同时可用时，才能开始进入“就餐活动”。“就餐活动”属于无条件延迟活动，复活点为“就餐结束”。

（2）“就餐结束”：当进程推进至“就餐结束”复活点时，哲学家就结束“就餐活动”，释放左右筷子资源并进入思考状态。哲学家进程将推进至“思考活动”。“思考活动”为无条件延迟活动，复活点为“思考结束”。

（3）“思考结束”：哲学家进程推进至“思考结束”后，将进入“等待就餐”条件延迟活动，复活点为“就餐开始”。

在仿真过程中，只要系统状态变化就会触发等待哲学家的“就餐开始”复活点的条件延迟判断，确定其是否可被触发。仿真初始化时所有哲学家进入“等待就餐”活动，需要激活所有哲学家进程进入条件延迟参与仿真运行。

7.5.2 基于 RubberDuck 的进程交互仿真模型

基于 RubberDuck 库的哲学家就餐问题进程仿真模型见 rubber-duck/examples/Philosopher_PI/Philosopher_PI.cpp 文件。

“码”上有代码

1. 全局变量定义

Philosopher_PI.cpp 主要声明了该模型中包含的复活点和进程类对象。

```
#define AWAIT          1          //就餐开始复活点
#define THINK_END      2          //思考结束复活点
#define EAT_END        3          //就餐结束复活点
```

采用宏定义了 AWAIT、THINK_END 和 EAT_END，表示“就餐开始”“就餐结束”和“思考结束”复活点。

2. 进程类对象

哲学家进程类 Philosopher 定义如下：

```
class Philosopher: public ProcessNotice{
public:
    int id;
    double awaitStartTime;
    double thinkTime;
    double awaitTime;

    //time 复活时间
    Philosopher( int id, double time) : ProcessNotice( time, AWAIT) {
        this ->id  = id;
        sprintf( nameBuffer, "哲学家%d", id) ;
        setName( nameBuffer) ;
```

```
    thinkTime = 0;
    awaitStartTime = 0;
    awaitTime = 0;
};

//获得当前复活点名称
virtual const char * getPhaseName(){
    switch(phase){
        case AWAIT: //就餐开始
            return "就餐开始";
        case THINK_END: //思考结束
            return "思考结束";
        case EAT_END: //就餐结束
            return "就餐结束";
    }
    return NULL;
};

//进程推进函数,进程复活后的推进函数,返回复活时间
virtual double runToBlocked(Simulator * pSimulator){
    switch(phase){
        case AWAIT: //就餐开始
            return await(pSimulator);
        case THINK_END: //思考结束
            return think(pSimulator);
        case EAT_END: //就餐结束
            return eat(pSimulator);
    }
    return 0;
};
```

```
//[就餐开始]复活点进程推进
double await(Simulator * pSimulator){
    int index = id;
    /* No longer waiting for chop sticks */
    RIGHT_CHOPSTICK(index) = false;
    LEFT_CHOPSTICK(index) = false;
    phase = EAT_END;
    awaitTime += pSimulator->getClock() - awaitStartTime;
    double t = pSimulator->getRandom()->nextExponential() * EAT_TIME;
    pSimulator->print("CLOCK=%f:\t 哲学家%d 开始就餐,结束时刻为%g\n",
                    pSimulator->getClock(), index, pSimulator->getClock()+t);
                    return pSimulator->getClock() + t;
};

//[就餐结束]复活点进程推进
double eat(Simulator * pSimulator){
    int philosopherID = id;
    LEFT_CHOPSTICK(philosopherID) = true;
    RIGHT_CHOPSTICK(philosopherID) = true;
    double t = pSimulator->getRandom()->nextExponential() * THINK_TIME;
    thinkTime += t;
    phase = THINK_END;
    pSimulator->print("CLOCK=%f:\t 哲学家%d 开始思考,结束时刻为%g\n",
                    pSimulator->getClock(), philosopherID, pSimulator->
                    getClock() + t);
   return pSimulator->getClock() + t;
};

//[思考结束]复活点进程推进
double think(Simulator * pSimulator){
```

```
            phase = AWAIT;
            awaitStartTime = pSimulator ->getClock();
            return -1;
        };

        //如果进程处于条件延迟状态,确定当前进程延迟条件是否满足
        virtual bool isConditionalBlocking( Simulator * pSimulator) {
            //判断是否处于开始服务条件延迟
            if( phase == AWAIT) {
                if( RIGHT_CHOPSTICK( id) && LEFT_CHOPSTICK( id) ) {
                    return false;
                }
                return true;
            }
            return false;
        };
    };
```

Philosopher 类派生于 ProcessNotice 类，主要定义了 id、awaitStartTime、thinkTime 和 awaitTime。Philosopher 类的构造函数设置了该哲学家进程的 id、进程名称，初始化了相关统计属性，并通过其基类 ProcessNotice 的构造函数设置初始复活点为 AWAIT。

Philosopher 类重载了 ProcessNotice 类的函数 getPhaseName( )，采用 switch 语句返回不同复活点的名称字符串。

Philosopher 类重载了 ProcessNotice 类的进程推进函数 runToBlocked( )，采用 switch 语句调用进程在不同复活点复活后的处理函数。其中，复活点 AWAIT 由函数 await( )进行处理；复活点 THINK_END 由函数 think( )进行处理；复活点 EAT_END 由函数 eat( )进行处理。

函数 await( )计算过程如下：

（1）占用左右筷子资源；

（2）设置当前哲学家进程的复活点为 EAT_END（就餐结束）；

（3）由于该复活点对应于无条件延迟“就餐活动”，所以复活时间的返回值为就餐结束时间。

函数 think()计算过程如下：

（1）设置当前哲学家进程的复活点为 AWAIT（就餐开始）；

（2）设置该哲学家的等待开始时间；

（3）由于该复活点对应于条件延迟“就餐开始”，所以复活时间返回 -1。

函数 eat()计算过程如下：

（1）释放左右筷子资源；

（2）设置当前哲学家进程的复活点为 THINK_END（思考结束）；

（3）由于该复活点对应于无条件延迟“思考活动”，所以复活时间返回思考结束时间。

函数 isConditionalBlocking()用于判断该哲学家进程处于 AWAIT 复活点时的条件延迟。当该哲学家的左右筷子可用时，其进程复活，isConditionalBlocking()返回 false。

3. 模型初始化

由于哲学家用进程表示，所以初始化函数 Initialization()将激活所有哲学家进程，并设置这些哲学家均处于“等待就餐”活动。调用 Simulator::await()调度这些进程进入条件事件表。

```
void Initialization( Simulator * pSimulator) {
    for( int i = 0; i < NUM_OF_PHILOS; i ++) {
    chopsticks[ i] = true;
        philosophers[ i] = new Philosopher( i, -1) ;
        pSimulator ->await( philosophers[ i] ) ;
    }
}
```

7.6 卡车卸货问题的进程交互仿真模型

卡车卸货问题的离散事件仿真建模参见第5章5.5.1节内容。

7.6.1 面向进程的卡车卸货问题系统模型

1. 进行系统进程表示

包含活动、确定延迟、条件延迟和复活点的卡车进程如图7－6所示。

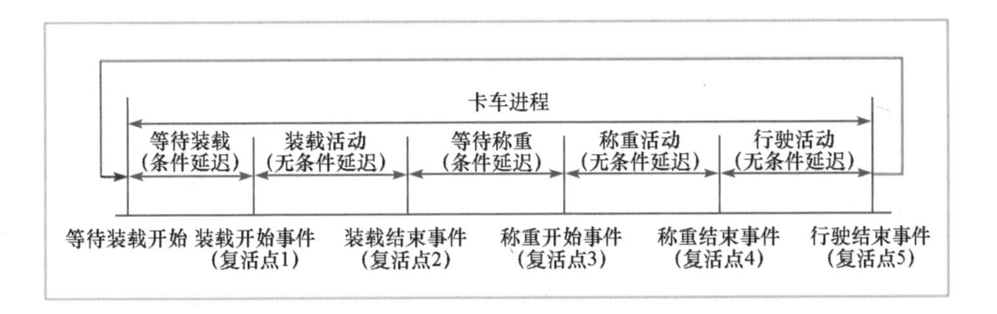

图7－6　卡车进程复活点

根据图7－6，卡车进程包含“等待装载”“装载活动”“等待称重”“称重活动”和“行驶活动”，其中“等待装载”和“等待称重”为条件延迟活动，包含“装载开始”“装载结束”“称重开始”“称重结束”和“行驶结束”五个复活点。

2. 进行进程影响分析

卡车进程属于简单的串行活动序列，相关复活点及处理逻辑如下。

(1)“装载开始”：“等待装载”活动为条件延迟活动，当满足该卡车进程处于装载队列队首且装载机空闲时，即“装载开始”复活点条件满足时才能进入“装载活动”，占用装载机资源。其下一个复活点为“装载结束”，需根据装载时间确定复活时间。

（2）“装载结束”：卡车进程的“装载活动”，属于无条件延迟活动，复活点为“装载结束”。当卡车进程推进至“装载结束”复活点，卡车“装载活动”结束，释放装载机资源，进入等待称重状态。进程将推进至“等待称重”活动，复活点为“称重开始”。

（3）“称重开始”：“等待称重”活动为条件延迟，需满足该卡车进程处于称重队列队首且称重台空闲时，即“称重开始”复活点条件满足时才能进入“称重活动”，占用称重台资源。其下一个复活点为“称重结束”，需根据称重时间确定复活时间。

（4）“称重结束”：“称重活动”属于无条件延迟活动，复活点为“称重结束”。当进程推进至“称重结束”复活点，卡车“称重活动”结束，将释放称重台资源，进入行驶状态。卡车进程将推进至“行驶活动”，复活点为“行驶结束”。

（5）“行驶结束”：“行驶活动”为无条件延迟轰动，进程推进至“行驶结束”后，该卡车将进入“等待装载”，复活点为“装载开始”。

在仿真过程中，只要系统状态变化就会触发等待进程的“装载开始”或“称重开始”复活点的条件延迟判断，确定其是否被触发。仿真初始化时需要按照前面设定的初始状态调度卡车进入“等待装载”、“装载活动”和“称重活动”，需要激活相应卡车进程进入无条件延迟和条件延迟参与仿真运行。

7.6.2 基于 RubberDuck 的进程交互仿真模型

基于 RubberDuck 的卡车卸货问题进程仿真模型为 rubber-duck/examples/DumpTruck_PI/DumpTruck_PI.cpp 文件。

1. 全局变量定义

DumpTruck_PI.cpp 声明了该模型中包含的复活点和进程类。

```
#define BEGINLOADING      0      //装载开始复活点
```

```
#define ENDLOADING       1    //装载结束复活点
#define BEGINWEIGHING    2    //称重开始复活点
#define ENDWEIGHING      3    //称重结束复活点
#define ENDTRAVEL        4    //行驶结束复活点
```

这里采用BEGINLOADING、ENDLOADING、BEGINWEIGHING、ENDWEIGHING和ENDTRAVEL宏定义声明了“装载开始”“装载结束”“称重开始”“称重结束”“行驶结束”复活点。

2. **进程类**

卡车进程类Truck相关定义如下：

```
class Truck: public ProcessNotice{
public:
    int truckID; //卡车标识
    double beginLoadTime; //装载开始时间
    double beginWeighTime; //称重开始时间
    //ID 卡车标识, time 复活时间和 p 复活点
    Truck( int ID, double time, int p) : ProcessNotice( time, p) {
        truckID = ID;
        beginWeighTime = 0.;
        beginLoadTime = 0.;
        sprintf( nameBuffer, "卡车进程%d", truckID) ;
        setName( nameBuffer) ;
    }
    //获得当前复活点名称
    virtual const char * getPhaseName( ) {
        switch( phase) {
            case BEGINLOADING: //装载开始
                return "装载开始";
```

```
            case ENDLOADING: //装载结束
                return "装载结束";
            case BEGINWEIGHING: //称重开始
                return "称重开始";
            case ENDWEIGHING: //称重结束
                return "称重结束";
            case ENDTRAVEL: //行驶结束
                return "行驶结束";
        }
        return NULL;
    };

    //进程推进函数，进程复活后的推进函数，返回复活时间
    virtual double runToBlocked( Simulator * pSimulator) {
        switch( phase) {
            case BEGINLOADING: //装载开始
                return beginLoad( pSimulator) ;
            case ENDLOADING: //装载结束
                return endLoad( pSimulator) ;
            case BEGINWEIGHING: //称重开始
                return beginWeigh( pSimulator) ;
            case ENDWEIGHING: //称重结束
                return endWeigh( pSimulator) ;
            case ENDTRAVEL: //行驶结束
                return endTravel( pSimulator) ;
        }
        return 0;
    };

    //[装载开始]复活点进程推进
```

```
double beginLoad( Simulator * pSimulator) {
    LoaderQueue. dequeue( );
    beginLoadTime = pSimulator ->getClock( );
    //占用一个 Loader
    Lt ++;
    //调度其结束装载事件
    const double loadTime = pSimulator ->getRandom( ) ->
                        nextDiscrete( pLoadingTimeCDF);
    pSimulator ->print( "CLOCK =%3d: \ tTruck %d 开始装载,结束时间为%d \ n",
                (int) pSimulator ->getClock( ), truckID, (int) (pSimulator ->
                getClock( ) + loadTime) );
    //进入无条件延迟,下一复活点为结束装载
    phase = ENDLOADING;
    returnpSimulator ->getClock( ) + loadTime;
}

//[装载结束]复活点进程推进
double endLoad( Simulator * pSimulator) {
    pSimulator ->print( "CLOCK =%3d: \ t 完成了对 Truck %3d 的装载\ n",
                ( int) pSimulator ->getClock( ), truckID);
    //进入称重队列
    ScaleQueue. enqueue( this);
    MWQ = max( MWQ, ScaleQueue. getCount( ) );
    //释放一个装载机
    Lt --;
    //计算装载时间
    BL + = pSimulator ->getClock( ) -beginLoadTime;
    //进入条件延迟,下一复活点为称重开始
    phase = BEGINWEIGHING;
    return -1;
```

```
}

//[称重开始]复活点进程推进
double beginWeigh(Simulator * pSimulator){
    //占用 Scale
    Wt = 1;
    //队首卡车
    ScaleQueue.dequeue();
    beginWeighTime = pSimulator->getClock();

    //调度其称重结束事件
    const double weighTime = pSimulator->getRandom()->nextDiscrete
                                (pWeighingTimeCDF);
    pSimulator->print("CLOCK=%3d:\tTruck %d 开始称重,结束时间为%d\n",
                (int) pSimulator->getClock(), truckID, (int)(pSimulator->
                getClock() + weighTime));
    //进入无条件延迟,下一复活点为称重结束
    phase = ENDWEIGHING;
    returnpSimulator->getClock() + weighTime;
}

//[称重结束]复活点进程推进
double endWeigh(Simulator * pSimulator){
    //称重台空闲
    Wt = 0;
    //计算称重时间
    BS += pSimulator->getClock() - beginWeighTime;
    //调度行驶结束事件
    const double travelTime = pSimulator->getRandom()->nextDiscrete
                                (pTravelTimeCDF);
```

```
    pSimulator ->print( "CLOCK = %3d: \ t 完成了对 Truck %d 的称重, 开始行
                        驶, 行驶结束时间为%d \ n", ( int) pSimulator ->
                        getClock( ) ,
        truckID, ( int) ( pSimulator ->getClock( )  + travelTime) ) ;
    //进入无条件延迟, 下一复活点为行驶结束
    phase = ENDTRAVEL;
    returnpSimulator ->getClock( )  + travelTime;
}

//[行驶结束] 复活点进程推进
double endTravel( Simulator * pSimulator) {
    //卡车进入装载队列
    LoaderQueue. enqueue( this) ;
    MLQ = max( MLQ, LoaderQueue. getCount( ) ) ;
    pSimulator ->print( "CLOCK = %3d: \ tTruck %d 完成了转运 \ n",
                        ( int) pSimulator ->getClock( ) , truckID) ;
    //进入条件延迟, 下一复活点为装载开始
    phase = BEGINLOADING;
    return -1;
}

//如果进程处于条件延迟状态, 确定当前进程延迟条件是否满足
virtual bool isConditionalBlocking( Simulator * pSimulator) {
    //判断处于哪个条件延迟, 确定是否需要延迟锁定
    //条件延迟: 装载开始
    if( phase = = BEGINLOADING) {
        if( LoaderQueue. getCount( )  > 0 && Lt < 2) {
            if( LoaderQueue. front( )  = = this) {
                return false;
            }
```

```
                }
                return true;
            }
            //条件延迟:称重开始
            if( phase  = =  BEGINWEIGHING) {
                if( ScaleQueue. getCount( ) >0 && Wt  = = 0) {
                    if( ScaleQueue. front( )  = =  this) {
                        return false;
                    }
                }
                return true;
            }
            return true;
        };
    };
```

Truck 类派生于 ProcessNotice 类，主要定义了 truckID、beginLoadTime 和 beginWeighTime。Truck 类构造函数设置了该卡车进程的 truckID、进程名称，初始化了相关统计属性，并通过 ProcessNotice 类的构造函数设置进程复活时间和指定的初始复活点。

Truck 类重载了 ProcessNotice 类函数 getPhaseName( )，使用 switch 语句返回不同复活点的名称字符串。

Truck 类重载了 ProcessNotice 类的进程推进函数 runToBlocked( )，使用 switch 语句调用进程复活后不同复活点的处理函数。这些处理函数设置进程的下一复活点和复活时间。其中，复活点 BEGINLOADING 由函数 BeginLoad( ) 进行处理；复活点 ENDLOADING 由函数 EndLoad( ) 进行处理；复活点 BEGINWEIGHING 由函数 BeginWeigh( ) 进行处理；复活点 ENDWEIGHING 由函数 EndWeigh( ) 进行处理；复活点 ENDTRAVEL 由函数 EndTravel( ) 进行处理。

函数 BeginLoad( )计算过程如下：

（1）从等待装载队列中删除队首卡车进程，通过 Lt ++ 表示占用装载机资源；

（2）设置当前卡车进程的复活点为 ENDLOADING（装载结束）；

（3）由于该复活点对应于无条件延迟“装载活动”，所以复活时间值为装载结束时间。

函数 EndLoad( )计算过程如下：

（1）该卡车进入称重队列 ScaleQueue；

（2）释放装载机资源；

（3）统计装载时间；

（4）设置当前卡车进程的复活点为 BEGINWEIGHING（称重开始），由于该复活点对应于条件延迟“等待称重”，所以复活时间返回 -1。

函数 BeginWeigh( )计算过程如下：

（1）从称重队列中删除等待卡车（即该卡车进程），通过 Wt = 1 占用称重台资源；

（2）设置当前卡车进程的复活点为 ENDWEIGHING（称重结束）；

（3）由于该复活点对应于无条件延迟“称重活动”，所以复活时间返回称重结束时间。

函数 EndWeigh( )计算过程如下：

（1）释放称重台资源；

（2）统计称重时间；

（3）设置当前卡车进程的复活点为 ENDTRAVEL（行驶结束）。由于该复活点对应于无条件延迟“行驶活动”，所以复活时间为行驶结束时间。

函数 EndTravel( )计算过程如下：

（1）该卡车进入装载队列 LoaderQueue；

（2）设置当前卡车进程的复活点为“开始装载”BEGINLOADING；

（3）由于该复活点对应于条件延迟“等待装载”，所以复活时间返回 -1。

函数 isConditionalBlocking( )用于卡车进程处于 BEGINLOADING 和 BEGINWEIGHING 复活点时的延迟判断。卡车进程处于 BEGINLOADING，当该卡车位于队首且装载机空闲时，满足延迟结束条件，isConditionalBlocking( )返回 false；卡车进程处于 BEGINWEIGHING，当卡车位于队首且称重台空闲时，满足延迟结束条件，isConditionalBlocking( )返回 false。

3. 模型初始化

初始化函数 Initialization( )将调度卡车进入“等待装载”“装载活动”和“称重活动”，需要调用 Simulator::activate( )和 Simulator::await( )调度这些卡车进程进入 FEL 和 CEL 参与仿真运行。

Initialization( )如下。

```
void Initialization( Simulator * pSimulator) {
    //第 1 辆卡车
    Truck * truck1 = new Truck( 1, pSimulator ->getClock( ) + pSimulator ->
                    getRandom( ) ->nextDiscrete( pWeighingTimeCDF),
                    ENDWEIGHING) ;
pSimulator ->activate( truck1 ) ;
    //称重台占用
    Wt = 1;

    //第 2 辆卡车
    Truck * truck2 = new Truck( 2, pSimulator ->getClock( ) + pSimulator ->
                    getRandom( ) ->nextDiscrete( pLoadingTimeCDF),
                    ENDLOADING) ;
pSimulator ->activate( truck2 ) ;

    //第 3 辆卡车
    Truck * truck3 = new Truck( 3, pSimulator ->getClock( ) + pSimulator ->
                    getRandom( ) ->
```

```
                    nextDiscrete( pLoadingTimeCDF) , ENDLOADING) ;
pSimulator ->activate(  truck3 ) ;

    //装载车占用
    Lt = 2;

    //第4,5,6 辆卡车
    Truck *  truck  = new Truck(4,  -1, BEGINLOADING) ;
    pSimulator ->await( truck) ;
    LoaderQueue. enqueue( truck) ;
    truck = new Truck(5,  -1, BEGINLOADING) ;
    pSimulator ->await( truck) ;
    LoaderQueue. enqueue( truck) ;
    truck = new Truck(6,  -1, BEGINLOADING) ;
    pSimulator ->await( truck) ;
    LoaderQueue. enqueue( truck) ;

    //称重队长
    MWQ = 0;

    //装载队长
    MLQ = LoaderQueue. getCount( ) ;
}
```

7.7 小结

本章介绍了进程交互仿真策略和基于 RubberDuck 的进程交互仿真模型示例。相对于事件调度法和三段扫描法，进程交互法是更直观的一种。这是因为“进程”的概念符合建模人员对实体生命周期的直观理解。进程交互法非常适用于可以将实体划分为若干类型，尤其是实体行为非常复杂（包括占用资源时的排队）的情况。这不仅因为从进程的角度建模更易于理解，还因为建模者可以不用关注队列的产生以及对队列中实体的管理，这些操作可由程序自动完成。然而，面向进程仿真模型的框架和算法比较复杂，且进程例程的程序实现要比事件例程的实现难度更高。因此，建立进程仿真模型一般需要仿真语言的支持。

在采用 ProcessNotice 类构建进程模型时，模型开发人员需要显式维护进程复活点、复活时间以及条件延迟活动的复活条件，这增加了模型修改和维护的复杂性。而采用基于进程例程的进程交互仿真模型开发则不必显式维护进程的复活点和复活时间，可以大大减少进程仿真模型开发的复杂度，这也是 SIMSCRIPT、OMNET 和 SEAS 等仿真系统采用基于进程例程表示离散事件仿真模型的主要原因。感兴趣的读者可参考 SIMSCRIPT、OMNET 等仿真系统的用户手册，了解这些系统如何支持用户开发进程交互仿真模型。

在实际应用中，有时可以把多种仿真策略结合起来使用。例如，SIMSCRIPT 仿真语言将事件调度和进程交互两种策略有机结合，为仿真建模提供了有力支持。有时还要根据仿真软件实现的方法，对仿真策略进行适当的调整和改进。例如，采用面向对象方法建立仿真模型时，可以将事件视为实体之间的消息传递，并用消息来激发实体的活动。实体间的消息传递可以采用同步和异步两种模式，并且可以利用消息队列、消息阻塞和延迟等机制来丰富消息处理的方式，使事件的表达和调度更加灵活、方便和有效。

练习

1. 本章 QueuePI 仿真模型面向顾客建立进程仿真模型，请尝试面向服务台建立进程仿真模型。
2. 修改 QueuePI 仿真模型，基于 RubberDuck 建立面向服务台的进程仿真模型。
3. 修改 DumpTruck_PI 仿真模型，基于 RubberDuck 建立面向装载机和称重台的进程仿真模型。

4. 一家银行有四个柜员，1、2 柜员处理普通账户，3、4 柜员处理企业账户。每2 ~4 分钟到达一位顾客，其中有33% 办理企业账户业务。办理企业账户业务需要5 ~25 分钟，办理个人普通账户业务需要1 ~11 分钟。银行系统共完成500 笔业务。求各类柜员繁忙的时间占比以及各类顾客在银行中平均停留时间。
5. 在多阶段检查门诊，患者以5 分钟（ ±2 分钟）一位的速率进入听力测试区。每位患者听力检查需要花费3 分钟（ ±1 分钟）。80% 的患者可直接进入下一项检测。其余20% 患者中，一半需要简单的诊断，速率为每人2 分钟（ ±1 分钟），然后以相同的检查概率（80%）进行听力复检；另一半带着药物回家。对该系统进行仿真，估计完成200 名患者的检查需要多长时间（注：带着药物回家的患者不能算作完成）。
6. 洗车店采用五阶段操作法，每辆车每个阶段耗时2 分钟（ ±1 分钟）。洗车店可容纳6 辆车排队等待。洗车设备每阶段可有1 辆车，每辆车按洗车工序通过系统，只有前车前移时，后车才能跟进。每2.5 分钟（ ±2 分钟）会有一辆车到达该洗车店。如果不能进入店内，则离开。请估计每小时未能进入洗车店的车辆数量（仿真12 小时）。

参考文献

[1] STEPHEN P. C primer plus[M]. 6th ed. Hoboken: Addison-Wesley Professional, 2013.

[2] FISHWICK P A. Simulation model design and execution: building digital worlds[M]. Upper Saddle River: Prentice Hall, 1995.

[3] ZEIGLERBP, PRAEHOFER H, KIM T G. Theory of modeling and simulation[M]. 2nd ed. San Diego: Academic Press, 2000.

[4] Banks J, CARSON J S, NELSON B L, et al. Discrete-event system simulation[M]. 5th ed. Upper Saddle River: PrenticeHall, 2010.

[5] AVERILL ML. Simulation modeling and analysis[M]. 4th ed. New York: McGraw-Hill Incorporated, 2007.

[6] WATKINS K. Discrete event simulation in C[M]. New York: McGraw-Hill Incorporated, 1993.

[7] SINCE S. An introduction to simulation using SIMSCRIPT Ⅱ.5[M]. San Diego: CACI Products Company, 2002.

[8] 李群，雷永林，侯洪涛，等. 仿真模型设计与执行[M]. 北京：电子工业出版社，2010.

[9] 王维平，朱一凡，李群，等. 离散事件系统建模与仿真[M]. 北京：科学出版社，2007.

[10] 李群. RubberDuck 仿真库[EB/OL]. [2021-05-05]. https://gitee.com/liqunnudt/rubber-duck.

[11] 杰瑞·班克斯，约翰·S. 卡森二世，巴里·L. 尼尔森，等[M]. 王谦，译. 北京：机械工业出版社，2019.